桃节水节肥技术

贾小红　李艳萍　邓祖科　主编

中国林业出版社
·北京·

图书在版编目（CIP）数据

桃节水节肥技术 / 贾小红，李艳萍，邓祖科主编 . —
北京：中国林业出版社，2020.12
ISBN 978-7-5038-9795-5

Ⅰ.①桃…　Ⅱ.①贾…　②李…　③邓…　Ⅲ.①桃—肥
水管理　Ⅳ.① S662.1

中国版本图书馆 CIP 数据核字（2020）第 250534 号

桃节水节肥技术

责任编辑　李　顺　王思源
出版发行　中国林业出版社
　　　　　（100009 北京市西城区德内大街刘海胡同 7 号）
网　　址　http://www.forestry.gov.cn/lycb.html
电　　话　（010）83143573
印　　刷　河北京平诚乾印刷有限公司
版　　次　2020 年 12 月第 1 版
印　　次　2020 年 12 月第 1 次
开　　本　170 mm×240 mm　1/16
印　　张　9
字　　数　245 千字
定　　价　59.80 元

作者简介

贾小红

博士，推广研究员，北京市土肥工作站副站长，北京市土壤学会副秘书长，主要从事土壤资源管理、有机肥和生物肥加工与使用等方面的技术研究与示范推广工作，先后主持和参与国家、省部级科研、推广项目28项，公开发表论文56篇，主编或合著书籍11部，获省部级成果12项，获专利17项。

李艳萍

石河子大学果树系硕士学位，高级农艺师，北京市农林科学院检测室主任，兼任首都生物肥料科技创新服务联盟副秘书长，平谷区科技工作者协会理事，园艺产业促进分会理事会会员。获平谷区科学技术进步二等奖2项，2016年荣获中国质量评价协会人物奖突出贡献者奖，同年荣获中国化工企业管理协会2016年全国化工企业技术创新先进个人称号。至今，承担和参与课题25项，发表论文10篇，出版著作3部，拥有个人发明专利3项。

邓祖科

中国农业大学农业工程硕士学位。阿姆斯公司创始人之一，现任北京世纪阿姆斯生物技术有限公司和北京世纪阿姆斯生物工程有限公司总经理、法定代表人。兼任中国微生物学会农业微生物专业委员会委员、首都生物肥料科技创新服务联盟理事长、平谷区科学技术协会副主席。曾获中国质量评价协会"2016年度卓越领导者奖""2018年中国有机肥行业突出贡献人物"称号。主要从事微生物肥料、有机肥料、复合肥料的研发、生产和推广工作，先后主持和参与国家、省部级科研、推广项目35项，公开发表论文16篇，主编或合著书籍2部，获专利22项。

前　言

我国是世界上桃的最大生产国，桃树的栽培面积和桃的总产量均居世界第一位。截至 2019 年年底我国桃树的栽培面积超过 1 300 万亩[*]，而且栽培面积呈逐年上升趋势。我国桃的生产量大，但平均单产较低，出口量极少，严重影响了我国桃产业发展。

近年来，果农在桃树的管理中普遍存在"重化肥，乱施有机肥"的现象，有机肥施用量高低差异大，施用未完全腐熟的有机肥，给土壤带入了大量有毒、有害物质；农家肥料施用越来越少，以鸡粪为主的速效性有机肥使用较多，虽然有机肥提供养分多，但对土壤腐殖质增加贡献少；此外，在化肥施用过程中，单纯追求产量，大量施用氮肥，中微量元素肥料用量少，使桃的营养生长过旺，不仅使桃本身的风味不再浓郁，品质下降，也影响了桃的耐贮运性能。

合理的水肥管理是保证桃高产、稳产和提升桃内在品质（储藏潜力、风味、口感、硬度、质地）及桃外在品质（果实外形、大小、色泽）的关键技术，是减少肥料浪费和环境污染的重要途径。为了提高桃的品质和市场竞争力，同时节约水资源，合理利用养分资源，促进桃产业的可持续发展，作者在总结节水节肥工作经验的基础上，特编写《桃节水节肥技术》一书，供从事桃生产的农民和基层技术人员参考。由于编者水平有限，错误在所难免，请广大读者多提宝贵意见，以便我们在今后的修订中进一步完善本书。本书得到"2020 年平谷区高层次人才工作室"和"北京市新时代文明实践基层科普行动"项目资助，在此表示感谢。

编　者

2020 年 4 月 16 日

---

* 亩为非法定计量单位，1 亩 ≈ 667 m^2。

目　录

第一章　桃的生物学特性

桃原产于我国，至今已有 3 000 多年的栽培历史。最初野生于黄河上游海拔 1 200 ~ 2 000 m 的高原地带，是食用价值不高的毛桃，后经人类长期定向培育才成为鲜美可口的家桃。《尚书》中有"乃偃武修文，归马于华山之阳，放牛于桃林之野"的记载，可见那时便盛行种桃树并以遍野的桃林象征太平盛世。《诗经》《尔雅》等书中亦有关于桃的记载。南北朝时期贾思勰的《齐民要术》对桃的栽培有详细叙述。桃大约在汉武帝时（公元前 141 年—公元前 87 年）通过中亚、西亚传入波斯（今伊朗）和印度，数百年后又经西亚传入法国、意大利，11 世纪传入西班牙，13 世纪又传入英国、德国和荷兰等国。美国直到 16 世纪哥伦布第 2 次到达新大陆时才有桃树。在日本的平安时代［公元 794 年—1192 年（也有人说应是公元 784 年—1192 年）］至镰仓时代（公元 1185 年—1333 年），桃已被列为贵族日常生活的重要副食品之一。明治六年（1873 年）日本从欧美各国引进 7 个品种，明治八年从中国引入'天津水蜜桃''上海水蜜桃'和'蟠桃' 3 个品种，由于引入的品种无论在肉质上还是在风味方面均比日本固有品种优良而受到广泛欢迎。明治三十年日本又从欧美引入一些桃品种，这些品种的栽培遍及日本各地。自明治三十年后，日本开始通过偶然实生和有计划地育种，逐渐形成了目前日本所栽培的品种群。目前，桃树栽培已遍及赤道南北纬度 25° ~ 45° 的几乎所有国家和地区，已成为深受广大世界人民喜爱的水果之一。现今全世界桃的品种约有 3 000 多个，我国现有 800 多个品种。据调查，河南南部、黄河及长江分水岭、云南西部、西藏南部都有野生桃存在；陕西、甘肃有毛桃、山桃；西藏有光核桃。除气候严寒的黑龙江外，其他各省都有桃的分布。但将桃作为果业经济生产，特别是进行规模化栽培的地区主要集中在华北、华东、华中、西北和东北的一些省份。在桃的主产区中，山东的肥城、青州，河北的深州、乐亭，四川的龙泉驿，甘肃的宁县、张掖，江苏的太仓、无锡，浙江的奉化、宁波等地都是历史著名产区。目前我国桃树单位面积产量及种植水平以北京和上海相对较高，北京市平谷区更是以盛产大桃而闻名中外，有"中国第一桃乡，世界最大桃园"之称。

桃，就其用途可分为食用和观赏两类。供观赏的桃（花），有'碧桃''日月桃''鸳鸯桃''紫叶桃''五宝桃''寿星桃''人面桃'等。其中最美的要数'碧桃'了，宋代词人秦观称它是"碧桃天上栽和露，不是凡花数"。食用桃，大都夏季成熟，但由于我国地域广阔，加之现在的反季节栽培，一年四季几乎都有鲜桃可吃。

桃的种类繁多，形态各异。有带毛的、有光溜的、有扁平的、有圆形的。专业人员从外观形态上将它们分为四类，即果实圆形、果面有绒毛、果肉白色的为普通桃；果面光滑无绒毛的为油桃；果形扁平、核小而圆的是蟠桃；果面有毛、果肉黄色的为黄桃。

自古以来桃以其果肉鲜美、香味独特、甘甜多汁、营养丰富而倍受人们喜爱，被誉为"五果之首"（桃、李、杏、枣、栗）。据中国医学科学院《食物成分表》表示，每 100 g 鲜桃果肉含有水分 87.5 g、蛋白质 0.8 g、脂肪 0.1 g、碳水化合物 10.7 g、膳食纤维 0.9 g、钙 8 mg、磷 20.0 mg、钾 166.0 mg、镁 7.0 mg、锌 0.34 mg、铁 1.2 mg、维生素 E 1.54 mg、胡萝卜素 0.06 mg、维生素 B_1 0.01 mg、维生素 B_2 0.02 mg、烟酸 0.7 mg、抗坏血酸 6.0 mg。此外，桃果肉中还含有人体不能合成的多种氨基酸，特别是在特早熟桃的果实中含有丰富的氨基酸。这些营养成分对人体都具有良好的营养保健价值，我国自古就有"桃养人"的谚语。

中医理论认为：桃树是最著名的药用植物，其根、皮、枝、叶、花均可入药，具有祛风、活血、镇痛、利便、杀虫之效。鲜桃性温，味甘酸，入肺、胃、肝、大肠经。具有补中益气、养阴生津、润肠通便之功效。桃仁是常用的中药，它有破血散瘀、润燥滑肠通便的功效。桃树的根、枝和树皮外用可治中通，煎服可去胃热，疗黄疸，止心痛、腹痛；浴之能治湿癣，杀疮虫。新鲜桃枝适量，可带数片小叶煎服，可治疟疾。另外，桃树胶还可治血淋、痢疾、糖尿病等。桃叶能祛风散肿，通利二便。桃花，利二便、去痰饮、疗疯癫。因此，桃是比较理想的保健佳品。

第一节　桃树的生长发育特性

桃树为落叶性小乔木，在自然生长情况下，树高一般为 3 ~ 5 m，冠径 5 ~ 6 m，树姿先直立、后开张或半开张。在落叶果树中桃树是喜光性最强的果树，其对光照不足甚为敏感，随着树冠扩大，在外围光照充足处花芽多且饱满，果实品质好；在树冠荫蔽处花芽少而瘦瘪，果实品质差，枝叶易枯。桃树生长快，在年生长周期中，可发 3 ~ 4 次新梢。桃幼树结果早，树定植后，在肥水条件好、管理技术水平较高的条件下，2 年便可结果，4 ~ 5 年便可进入盛果期，且盛果期产量可维持 15 ~ 20 年以上；若管理水平一般或不良，15 年以后产量便迅速下降，进入衰老期。

一、根系的生长特点

桃树的根系水平分布受栽植模式、土壤肥力、管理水平和肥水投入情况的影响非常大。高培垄的栽植模式，非常易于吸收表层土壤养分，根系直径可达树冠的 2 ~ 3 倍，垂直分布通常在 1 m 以内。在土壤质地较好的地块根系主要分布在 60 ~ 80 cm 土层内；当土壤质地较黏或地下水位较高时则多分布在 10 ~ 15 cm 土层内。虽然根系在土壤结构较好的果园中可深达 1 m 以上，但 80% 左右的根系集中分布在 40 cm 以内的土层中，特别是在 20 cm 以内的表层土中分布更加集中。因此加强表层土壤的管理至关重要。北方露地种植的桃树，在 4 个多月漫长的休眠时间里，空气湿度小，冬春时节刮风天气又较多，如何保持土壤湿度从而避免浅层根系失水是一个很重要的栽培管理技术要点。桃树根系水平分布图见图 1-1。

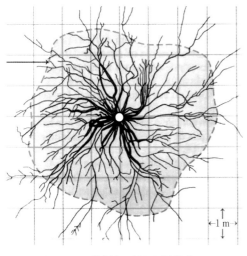

图 1-1 桃树根系的水平分布图
(*Le pecher*, 2003)

桃树的根系密度分布有以下几个特点：0 ~ 20 cm 土层中直径小于 1 mm 的细根密度明显高于 20 ~ 40 cm 土层，40 cm 以下土层很少有细根分布，这种现象称为"表层效应"；直径 1 ~ 3 mm 的根也与直径小于 1 mm 的细根分布相似，但不如其分布明显；直径大于 3 mm 的粗根在 20 cm 以下土层中的密度分布明显高于表层土；在水平分布上，以冠径（即树冠对地面正投影）一半处的中区其细根的密度最大。离中干近的根系，由于运输距离较短，可迅速补充树体的消耗，而水平分布较远和垂直分布较深的根系，扩大了根系的吸收空间，可满足桃树长期生长的需要，栽培中要兼顾这两种根的培养。

桃树根系要求较高的含氧量，因此栽植桃树的土壤应具有良好的通透性。桃树根系在 0℃ 以上就能吸收、同化氮。当土壤温度为 4 ~ 5℃ 时根系开始活动，7.2℃ 时根内营养向地上部分运输，15 ~ 20℃ 为最适宜生长温度，大于 30℃，根系生长不良，冬季休眠的根系可以耐受 -10℃ 左右的低温，但初春根系在 -9℃ 左右即受冻害，表现为春季开始长叶后不久便凋萎，受冻轻的树数年后死亡，受冻重的树当年就会死亡。

桃树新根一年中有 3 次生长高峰，第一次出现在萌芽前后，树体贮藏的养分和温度等外界条件对其有较大的影响；第二次出现在春梢停长后的 6 月，此时果实尚未进入迅速膨大期，坐果的数量、新梢能否及时停长、果实膨大等因素可影响此次生长高峰新根生长量的大小；第三次是在果实采收之后，随着贮藏养分的回流，根系生长出现一个小高峰，果实采收早晚和叶片保护的营养程度是影响这次生长高峰新根生长量大小的因素。盛果期桃树根系生长的年动态为"三峰曲线"，见图1-2。针对根系的生长特点，在对桃树进行追肥时，应结合桃树根系发生的三次高峰分配肥料，以此提高肥料的利用率。

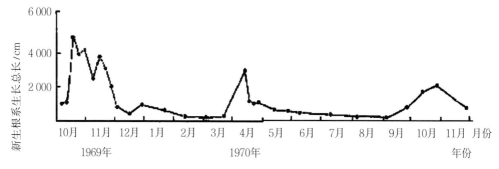

图1-2　桃树根系周年生长的动态
（Cockroft 和 Olsson，1972）

不同种类或不同植株间根系的相互影响作用十分复杂，既存在着相互竞争的关系，也存在相互协同的关系。同一果园里，果树的根系分布更多的表现为相互竞争和抑制，这种现象已在苹果、葡萄和一些核果类果树上得到证实。同一桃园，不同植株根系表现为相互竞争和抑制，当根系相邻时，它们避免相接触，或改变方向，或向下延伸。栽植密度对根系分布有很大影响，密植果园根系水平分布范围较小，而垂直分布相对较深。

根系间的相互抑制主要有3个原因：一是根系对水分和矿质养分的争夺，特别是对氮和磷的争夺；二是根系分泌物中存在一些抑制根系生长的物质；三是死亡脱落的根系腐烂会产生一些有毒物质，如氰类物质等。

二、芽的生长特点

桃树的芽不同于苹果、梨、葡萄等，不是混合芽，其可分为花芽和叶芽两种。花芽是纯花芽，绝大部分着生于枝条侧面的叶腋间，小部分着生于枝条顶端；叶芽着生于枝条顶端或枝条侧面的叶腋间，与花芽复生或单生。根据每节枝条上着生芽的数量，又可分为单芽和复芽，单芽多为叶芽，复芽是中间为叶芽，两侧为花芽；还可根据芽的特性分为早熟性芽、休眠芽和不定芽。当气温达到10℃以上时，桃树的花芽萌动，花期最适温度为12～14℃，一般花期为3～4 d；遇阴冷天气时，花期延长，可达7～10 d；如遇干热风，花期缩短到2～3 d。雌蕊保证授粉受精的时间大致为4～6 d，如遇干热风，柱头1～2 d

内就枯萎。桃为自花结实较高的树种，但异花授粉能显著提高结实率；由于新品种出现，也有一些品种如'华玉''岗山白'等自身不产生花粉需要人工授粉。花粉萌芽和花粉管的伸长要求10℃以上的温度，10℃以下花粉萌芽、花粉管伸长受阻，4.4℃以下则停止发育。

桃花芽分化有两个集中分化期，大致在每年6月中旬和8月上旬，与2次新梢缓慢生长期基本一致。6月以前形成的副梢分化的花芽多而充实，7月形成的副梢花芽少而瘦，夏季修剪时需加以控制，去除病弱枝和多余的枝条。当桃树新梢生长速度趋于缓慢时即进入生理分化期，当复芽分离时进入形态分化，在完成花萼、花瓣、雄蕊、雌蕊的分化后进入休眠，休眠须通过一定低温阶段，也叫作需冷量（即0～7.2℃的累计时数）。不同品种的需冷量差异很大，200～1 200 h不等。掌握不同品种的需冷量，对于温室栽培有很重要的意义。

露地栽培到第2年春，气温上升到5℃时，花粉母细胞经减数分裂，形成花粉；雌蕊形成胚珠和胚囊；花芽内各器官的形成约需3个月。桃树的寿命不长，所以潜伏芽寿命也较短，萌发更新的能力也较弱，其萌发能力一般只能维持1～2年，但在重剪刺激的情况下，10余年的潜伏芽也能萌发。所以，桃树容易衰老，更新也比较困难。

三、枝梢的生长特点

桃树为花先型树种，先开花，后抽生新梢。叶芽在春季萌发后，新梢即开始生长，在整个生长过程中，有2～3个生长高峰。第一个生长高峰在4月下旬至5月上旬，5月中旬以后逐渐减弱。第二个生长高峰在5月下旬至6月上旬，同时在该段时间新梢开始木质化，6月下旬新梢的伸长生长明显减弱。但幼树及旺树上的部分强旺新梢还会出现第三次生长高峰。除此之外的新梢这时主要是逐渐进入老熟充实、增粗生长阶段，10月下旬进入落叶休眠阶段。桃树新梢生长量动态变化见图1-3。

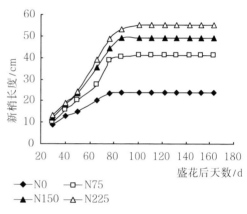

图1-3　桃树新梢生长量动态：不同施氮量对'晚久保桃'新梢生长的影响
（李付国，2005）

在桃树枝梢生长过程中，由于生长时间、生长势及所处的着生部位不同，则形成不同类型的枝条，主要分为以下几类：

1. 徒长枝

生长极旺，枝条粗大，长度一般可达1 m以上，节间长，叶片薄，组织不充实，大部分有副梢，在幼树上发生较多，可利用作为树冠扩展的骨干枝，衰老树上可更新利用，空间较大的，可采用伤变结合的修剪方法，进行逐步改造利用，培养为结果枝组。

2. 徒长性结果枝

长度在 70 ~ 100 cm，有 2 次枝，中上部及 2 次枝上大部分为花芽，在采取缓和修剪手段的情况下，能结果。

3. 长果枝

长度在 30 cm 以上，无 2 次枝，侧芽多数为复芽，大部分品种在初果阶段进行结果的主要是长果枝。

4. 中果枝

长度在 15 ~ 30 cm，侧芽以单花芽为主，顶芽为叶芽，为多数品种的主要结果枝，修剪时只能疏，不能采用截的方法。

5. 短果枝

长度在 15 cm 以内，节间短，新梢停止生长早，芽较饱满壮实，顶芽为叶芽或花芽，以下为单花芽。在合理留果的情况下，果实大，质量高。

6. 花束状枝

与短果枝相似，长度在 5 cm 以下，芽的排列很紧凑，顶芽为花芽，以下为单花芽，结果较差，老弱树上较多。

7. 叶丛枝

一般着生在光照较差或结果枝组、多年生的部位，长度在 1 cm 以下，无腋芽，仅有顶芽，通过修剪手段可予以复壮，能形成结果枝或强枝。

桃树的顶端优势明显，易呈极性生长，这需要在夏季进行调整和控制。主干干性较弱，在放任管理的情况下，很容易失去中干优势而呈现开张或半开张的树姿。桃树主干开张角度的大小，对树姿的影响很大。如晚熟品种'燕红'，其主枝自然开张角度小于 40°，所以树姿较为直立。中熟品种'大久保'，其主枝角度自然开张，一般大于 50°，因而树冠较为开张，结果后有时甚至下垂。早生水蜜桃的主枝自然开张角度介于两者之间，所以，它的树姿呈半开张状态。在整形修剪时对桃树的这一特性是必须要注意的，尤其是主枝延长头短截时需以该品种的树姿开张程度确定剪口芽的位置。

四、果实的发育特点

桃树果实生长属双"S"曲线型，其不同阶段的发育特点如下。

1. 第一次迅速生长期

授粉受精后，子房开始膨大，至嫩脆的白色果核自核尖呈现浅黄色，果核木质化开始，即是果实第一次迅速生长结束的标志。此期果实体积、重量均迅速增长。果肉细胞分裂可持续到花后 3 ~ 4 周才趋缓慢，其持续时间大约为果实生长总天数的 20%。此生长期桃的胚乳处于游离核时期。桃的受精卵经过短期休眠，发育成胚。

2. 生长缓慢期

此期果实体积增长缓慢，果核长到该品种的固有大小，并达到一定硬度，果实呈现缓慢生长状态。这时期各品种的持续时间差异很大，早熟品种为 1 ~ 2 周，中熟品种为 4 ~ 5 周，晚熟品种为

6 ～ 7 周或更多。此期内胚迅速发育，由心形胚转向鱼雷胚、子叶胚；至本期末，肥大的子叶已基本填满整个胚珠。胚乳在其发育的同时，逐渐被消化吸收，成为无胚乳的种子。珠心组织也同时被消化。

3. 第二次迅速生长期

果实体积显著增加。果面核桃纹逐渐减少并趋于丰满，底色明显改变并出现品种固有的颜色，即为果实进入成熟期标志。桃树果实的成熟度可按七成、八成、九成和完熟 4 个等级划分，其标志是随着成熟度的提高，果实硬度不断下降，九成熟时富有一定弹性，此时期果实重量增加占总果重的 50% ～ 70%，增长最快时期在采摘前 2 ～ 3 周。种皮逐渐变褐，种仁干重迅速增长。此期持续时间的长短，品种间变化很大。桃果实的生长与核、胚的生长有密切关系。

果实生长的"快—慢—快"节奏，是肥水管理上时间节点的重要依据。在每次果实迅速生长之前进行肥水的合理供应，可保证果实的细胞分裂和增大。

果实 2 个迅速生长期之间的缓慢生长期是种子的生长高峰。当胚生长停顿时，果实进入第二次迅速生长期。

第二节 桃树对环境的要求

桃树在其生长发育过程中，与其生长条件形成相互联系、相互制约的统一体。桃树正常发育需要一定的生态环境；一定的生态环境又影响着桃树的生长发育；同时桃树生长发育的变化状况也反映了生长条件的变化状况。在桃树生长发育和生长条件的相互作用中，生长条件起着主导作用。因此，在生产上常可有目的地选择或培育一定的种类或品种以适应种植地的生长条件，或者人为地选择可能有效的措施去改善不利的生长条件，来满足桃树正常生长发育的需要，以取得较高的经济效益。

一、温度

桃树为喜温树种，对温度适应范围广。一般北方品种以 8 ～ 14℃，南方品种以 12 ～ 17℃的年平均温度最适宜，地上部发育的温度为 18 ～ 23℃，新梢生长的适温为 25℃左右。桃树的花期要求平均气温在 10℃以上，最好不超过 25℃，夜间不低于 5℃，否则会导致授粉、受精不良。花期少则 3 ～ 5 d，多则 7 ～ 10 d。果实成熟期的适宜温度是 25℃左右。我国桃树的大多数品种冬季休眠期必须在 7.2℃以下低温 600 ～ 1 200 h，才能正常开花结果，但也有极少数短低温品种只需 250 h 即可通过自然休眠。

桃树芽的耐寒力在温带果树中属于弱的一类。在冬季，芽在自然休眠期间随着气温的降低，经过锻炼，耐寒力逐渐增强。但花芽在 -18℃左右开始受低温危害，在 -28.8 ～ -27.7℃时，大部分花芽会冻死，特别是花芽结束自然休眠后，忽遇短暂高温，耐寒力会显著降低，当气温再度降低时，即使未到受冻临界低温，也极易遭受冻害。

桃树萌芽期和开花期在我国北部地

区往往易遭晚霜危害。在江南地区春暖较早的年份里，一些品种也会受到不同程度的霜害影响。桃树的生殖器官以花蕾的耐寒力最强，能耐 -3.9℃；花次之，能耐 -2.8℃；幼果最弱，-1.1℃时即冻坏。开花期间温度越低，持续时间越长，受害越严重。因此，在桃树的开花期要特别注意天气的变化情况，在不良天气到来之前，要做好防冻措施，如喷硼砂、桃园熏烟等。

根系的生长与温度的关系也很密切。据研究，桃树根系开始生长时的土壤温度为 4 ~ 12℃，最适宜生长的土壤温度为 18℃。当土壤温度下降到 -11 ~ -10℃时，就会使桃树根系遭受冻害，表现为春季开始长叶后不久便凋萎。受冻轻的数年后死亡，受冻重的当年就会死亡。冬季浇冻水对于提高根系的耐寒力有显著效果。

二、光照

光照是制造有机营养的能量来源。桃树属喜光性很强的植物，其新梢生长的长短、强弱，除受营养水平的制约外，与光照强弱也有很大关系。桃树对光照不足甚为敏感，随着树冠扩大，在外围光照充足处花芽多且饱满，果实品质好；在树冠荫蔽处花芽少且瘦瘪，果实品质差，枝叶易枯；树冠上部枝叶过密时，极易造成下部枝条枯死，进而造成下部树枝出现光秃现象，结果部位迅速外移；光照不足还会造成根系发育差、花芽分化少、落花落果多、果实品质变劣的后

果。据试验，树内光透过率低于 40% 时光合产物非常低。因此，栽培上必须合理密植，采用适合的树形，进行生长修剪，以创造通风透光的有利生长条件。

在大陆性气候地区，冬、春日照率可高达 65% ~ 80%，桃树枝干全部裸露于日光之下，向阳面因日光直射造成日夜温差大，易造成日烧。夏季干旱地区，直射光照也能使树干和主枝发生日烧病，树势和产量会受到显著影响。因此，在桃树修剪过程中，要特别注意对背上枝的处理，忌一律去掉的做法，合理选留一些背上枝培养成结果枝组，对于克服日灼病是很有效的。

三、水分条件

桃原产于大陆性气候的高原地带，具有耐干旱的特点，雨量过多时易使枝叶徒长，花芽分化质量差，数量少，果实着色不良，风味淡，品质下降，不耐贮藏。桃树虽喜干燥，但在春季生长期中，特别是在硬核初期及新梢迅速生长期遇干旱缺水时，则会影响枝梢与果实的生长发育，并导致严重落果。若在果实膨大期干旱缺水，则会导致新陈代谢作用降低，细胞膨大生长受到抑制，同时叶片的同化作用也受到影响，从而减少营养的累积。桃树在各个生长时期都需要水分，新梢迅速生长期和果实二次迅速生长期是主要需水期。在桃树发芽前后到开花前期，若土壤中有充足的水分，将会加强新梢的生长，加大叶面积，增强光合作用，使开花坐果正常，为丰

产打下基础。因此，春旱地区，花前灌水将能有效促进桃树花芽萌动、开花、抽生新梢和叶片生长，以及提高坐果率，一般可在萌芽前后进行灌水，但以尽早灌水效果更好。在早春为提高地温、保湿可覆盖地膜。

桃树新生幼果膨大期是桃树的需水临界期，此时期桃树的生理机能最旺盛。若土壤水分不足，桃树叶片因强烈蒸腾而吸收幼果水分，甚至吸收根部水分，致使幼果皱缩和脱落，并影响吸收作用的正常进行，桃生长减缓，产量会显著下降。因此，这一时期若遇干旱，应及时进行灌溉，这样能显著提高坐果率，促使幼果膨大，并加强新梢迅速生长，这也是保证桃高产的关键水。一般可在落花后 15 d 至生理落果前进行灌水。

夏季就多数桃树而言，正值果实迅速膨大及花芽大量分化期，应及时灌水。这样既可以满足果实膨大对水分的要求，提高当年产量，又能促进花芽健壮分化，形成大量有效花芽，为来年丰产创造条件。但是在硬核期、胚形成期、果实成熟期、秋梢停长期都应控制灌水，有利于控制树势和高品质桃的形成。

冬季桃树虽然处于休眠状态，但树体仍有水分蒸腾，缺水会造成"抽条"，需在 11 月下旬灌 1 次水，北方称作"灌冻水"，冬灌可起到防寒御寒作用，能够保证桃树安全越冬且有利于花芽发育，并在土壤中蓄足水分，促使肥料分解，有利于桃树翌年春天生长。我国北方地区冬春比较干旱，更有必要进行冬灌。

桃树最怕水淹，桃园中短期积水即会引起植株死亡，排水不良或地下水位高的果园，也会引起根系早衰、叶片变薄、叶色变淡、同化作用减低，进而落叶、落果、流胶以致植株死亡。桃核硬化期降水多时会引起落果，6—8 月降水频繁，会引起枝条徒长、流胶，花芽形成受阻，在北方则枝条成熟不完全，冬季易遭冻害。

"起垄栽培"是桃树较好的栽培技术，可以较好地解决桃树根系对氧气的需求，还可防止涝害和雨季新梢旺长，对形成良好根系，保证养分吸收，保持地上部节奏性生长，提高桃产量和改善桃品质均具有良好的作用。

四、土壤

桃树对土壤的要求不严，在丘陵、岗地和平原均可种植，但以排水良好、通透性强的砂质壤土最为适宜。如沙性过重，有机质缺乏，保水保肥能力差，生长受抑制，花芽虽易形成，结果早，但产量低，且寿命短。在黏质土地上栽培，树势生长旺盛，进入结果期迟，容易落果，早期产量低，果个小，风味淡，耐贮藏性差，并且容易发生流胶病。因此，对沙质过重的土壤应增施有机肥料，加深土层，诱根向纵深发展，夏季注意根盘覆盖，保持土壤水分。对黏质土，栽培时应多施有机肥料，采用高培垄栽植，三沟配套，加强排水，适当放宽株行距，进行合理的修剪等。土壤的酸碱度以微酸性至中性为宜，即一般 pH 为

5～6生长最好，当pH低于4或超过8时，则生长不良，在偏碱性土壤中，如土壤的pH在8以上时，常会因缺铁而发生黄叶病。桃树对土壤的含盐量很敏感，土壤中的含盐量在0.14%以上时即会受害，含盐量达0.28%时则会造成死亡。因此在部分含盐量高的地区，栽培桃树时，应根据"盐随水来，盐随水去，水化气走，气走盐存"的活动规律，采取降盐措施，如深沟高畦，增施有机肥料，种植绿肥，深翻压青，地面覆盖等，以确保桃树生长良好，丰产丰收。

第二章　桃树的生育周期

桃树的生育周期分为生命周期和年生长周期。生命周期可分为幼树期、结果初期、盛果期、衰老期。年周期可分为萌芽期、开花期、新梢速长期、果实膨大期、花芽分化期、新梢停长期、果实成熟期、落叶期、休眠期。

第一节　桃树的生命周期

桃树的一生按生长与结果的转变，可划分为 4 个年龄时期，即幼树期、结果初期、盛果期与衰老期。

一、幼树期

幼树期一般是指桃树从定植到第一次开花结果，为营养生长阶段，一般为 2 ~ 3 年。现在随着科技的不断进步，不仅在保护地栽培中（大棚种植），会采取措施缩短幼树期，实现第一年种植，第二年结果，而且在露地栽培中，也能实现上述目标。此期的生长特点是桃树树冠和根系快速离心生长，向外扩展吸收面积和光合面积，逐渐积累、同化营养物质，为首次开花结果创造条件。

此期桃树的种植技术措施为：一要为根系的发育创造良好的土壤条件，如供给充足的肥水及做好土壤保墒等；二要最大限度地增加枝叶量，扩大光合面积，积累营养，如轻剪，尤其对直立生长的枝条，在夏季修剪时要最大限度地加以利用，可采取拿枝软化的方法改变枝条角度，削弱其生长势，再辅以叶面喷肥等促花措施。在培养树冠的前提下，缩短幼树期，提早结果。

二、结果初期

结果初期一般是指桃树从第一次开花结果到有一定的经济产量，一般为 3 ~ 5 年。此期的生长特点是树冠、根系的离心生长最快，迅速向外扩展，接近或达到预定的营养面积。树体基本定型，结果枝逐年增加，产量逐步上升。

此期桃树的种植技术措施为：从此时期开始，确立以营养管理为核心的指导思想，科学施肥，按照桃树的需肥特点进行养分的供应；在加强土壤肥水管理的同时，开始培养紧凑的结果枝组，调整生长与结果的比例，使产量稳步上升，为盛果期奠定基础。

三、盛果期

盛果期一般是指桃树从有一定经济

产量到较高的经济产量,并保持产量相对稳定的时期,一般为 6 ~ 15 年。在我国北方桃区,盛果期的年限较长,而在我国南方桃区则较短。此期的生长特点是结果多,生长缓慢,树冠、根系达到最大范围后末端逐渐衰弱,如延长枝由发育枝逐渐转为结果枝,开始出现由外向内地向心生长。此期的果实品质表现较好,特别是在 7 ~ 10 年的品质最佳,所以也把这一时期称为品质年龄期。

此期是获得桃生产效益最重要的时期,持续时间较长,如管理措施得当,会获得较好的经济效益;若管理不当,树体生长衰弱,提前进入衰老,产量也会受到影响。这一时期应保证充足的肥水供应,并注意营养元素之间的平衡、稳定,保持果实的优质高产。采取综合防治措施,加强枝干病虫害的防治。

四、衰老期

衰老期是指随着树龄增加,桃树的营养生长和生殖生长均减弱,产量逐年下降,一直降到几乎无经济栽培意义为止。此期的生长特点是长势弱,延长枝生长量渐小,坐果量少。树冠末端及内膛、骨干枝背后小枝大量死亡、光秃。向心更新强烈,内膛开始出现徒长枝。

此期桃树的种植技术措施为:加强土壤管理,增施肥水,适时更新复壮,合理留果,适当增强树势,提高产量,延长寿命,同时应加强回缩修剪,维持树势。

第二节　桃树的年周期

桃树的年周期分为:萌芽期、开花期、新梢速长期、果实膨大期、花芽分化期、新梢停长期、果实成熟期、落叶期、休眠期。我国幅员辽阔,桃树南北方均有种植,由于物候期的影响,南北方桃树各生育期具体时间上稍有变化,如南方花期早北方花期晚。根据桃树年周期不同,采取的管理措施也不同,本书桃树生育期的时间段以北方主要种植区北京市平谷区的中晚熟品种为例。

一、萌芽期

桃树萌芽期的管理是全年综合管理的开端,也是关键。此时期主要活动为土壤管理、水肥管理和病虫害防治。主要的管理措施为:

1. 土壤管理

根据北京地区十年九春旱的气候状况,此期在土壤管理上主要围绕如何保墒而采取措施,如树盘覆草、地膜覆盖、疏松表层土壤等。此外,解冻后需及时耕翻树盘,以疏松土壤利于根系伸展。

2. 水肥管理

为保证花期养分供应,此时应追施生物包膜复合肥或生物配方肥。如秋季未施入基肥,则此期还应施入足量有机肥或生物有机肥。施肥后浇水,以浇透为原则,避免浇水过多。施肥浇水最好和土壤保墒措施结合起来。

3. 病虫害防治

(1)清园。清理树下、树上、园边、

路边、市场等区域的僵果、落叶、残枝、杂草，将其埋入土中（深埋 30 cm），减少褐腐病、根霉软腐病、疮痂病（图2-1）、炭疽病等病菌的菌源及越冬害虫数量。

图 2-3 桃炭疽病为害叶片初期症状

图 2-1 桃疮痂病为害情况

（2）结合疏花芽，掰除桃毛下瘿螨危害的虫芽。

（3）刮腐烂病斑，清除枝干上的流胶，涂施纳宁 100 倍液。

（4）有细菌性黑斑病、炭疽病（图2-2，图 2-3）发生的桃园，发芽前喷70% 氢氧化铜可湿性粉剂 1 000 倍液，喷洒要达到淋洗式程度（需注意喷氢氧化铜后不能再喷石硫合剂）。

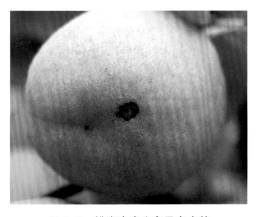

图 2-2 桃炭疽病为害果实症状

（5）无细菌性黑斑病和炭疽病发生的桃树，发芽前细致喷 1 次 3 度石硫合剂。

（6）上年桃瘤蚜发生较重的树，在发芽前喷 99% 矿物油 200 倍液，重点喷小枝条，杀灭越冬卵。

（7）3 月下旬，地面喷施辛硫磷300 倍液（用药量约 1 kg/ 亩），4 h 内松土，与土混合。消灭一些地下越冬的食心虫、金龟子等。

（8）发芽后，挂性诱剂、糖醋液盆诱杀害虫，启用频振式杀虫灯。

二、开花期

桃树的花期分为初花期、盛花始期、盛花期、盛花末期、落花期等若干个小物候期。主要的管理措施为：

1. 疏芽、疏花、疏果

从桃花芽露红开始，需集中精力迅速突击抓好疏芽管理措施，一般此时需疏掉花芽总量的 70% 左右，果枝基部10 cm 部位的花芽要全部疏除，再将果枝背上背下的花芽疏除，保留两侧的花芽；或者对 10 cm 以上部位的花芽疏一对留一对。短、中、长果枝分别留 2、3、

4个花蕾，徒长性果枝留5～6个花蕾。疏蕾和疏花比较起来疏蕾效率高，而且节省养分的效果更好。

疏花以花前复剪为主，剪除无叶花枝，短截冬季留的长、中果枝和细弱枝。

疏果是提高果品质的重要措施，具体指标见表2-1，一般是在落花后幼果能分出大小时进行。

表2-1   疏果指标

果枝	果形		
	大果形	中果形	小果形
长果枝	1～2	2～3	4～5
中果枝	1	1～2	2～3
短果枝	1（2～3枝）	1（1枝）	1～2（1枝）
备注	花束状果枝不留果；副梢果枝可留1～3个果		

2. 春季拉枝

春季拉枝是幼树整形的必要工作，在芽萌动至开花前这段时期进行，主枝拉成45°，侧枝按树形要求进行。需要说明的是：此项管理措施是对8月拉枝的补充。通过拉枝固定枝组和枝条的角度，最佳时期在8月中下旬，此时气温尚高，枝条柔软，易于操作，且有叶片作为负重物。很多当年生枝条不用棍支、不用绳拉就能把角度开得很好。

3. 花后追肥与灌水

根部追肥，花谢70%以上即可施入，以补充幼果速长的养分之需。施用肥料种类同萌芽期的"水肥管理"，追肥后及时灌水湿润50 cm土层，同时可进行播种绿肥与翻压绿肥。

4. 松土保墒

灌水后，待土不黏时松土保墒，松土深度为10～15 cm，打碎土块，整平土。

5. 病虫害防治

开花前和谢花后的病虫害防治非常重要，这两次做好，可为整个生长期的病虫害防治奠定一个良好的基础。

（1）对有冠腐病的树，树盘表土刨开晾晒1～3 d；刮病斑，涂53%金雷多米尔锰锌或69%安克锰锌150倍液。

（2）见始花期，防治蚜虫、卷叶虫、梨小食心虫（图2-4，图2-5）、潜叶蛾、扁平蚧、金龟子，喷10%吡虫啉3 000倍液加25%灭幼脲1 500倍液加20%毒死蜱2 000倍混合液（此时蚜虫开始危害，潜叶蛾开始产卵，卷叶虫开始出蛰）。

（3）落花70%时，需防治蚜虫、梨小食心虫、卷叶虫、绿盲蝽等，喷2.5%吡虫啉2 000倍液加20%除毒1 500倍混合液，有红蜘蛛发生的树加20%四螨嗪2 000倍液（此时正是梨小食心虫越冬成虫高峰期，山楂红蜘蛛越冬成螨出蛰期，苹果红蜘蛛越冬卵孵化期）。

图2-4 梨小食心虫为害新梢初期症状

图2-5 梨小食心虫为害新梢后期症状

（4）有细菌性黑斑病的桃园，落花后喷药，选用20%噻菌铜悬浮剂500倍液或50%喹啉铜可湿性粉剂3 000倍液。可与杀虫剂混用。

（5）防治红颈天牛（图2-6）：生长季用注射器向蛀孔内灌注足量的80%敌敌畏150倍液，然后将注药孔用黏泥封严，发现1个蛀孔，处理1个。

（6）防治透翅蛾幼虫，在危害部位涂柴油加80%敌敌畏100倍液。

（7）花前喷药防治蚜虫、卷叶虫、金龟子、红蜘蛛等害虫。此次之后每次喷药都加0.3%的尿素或磷酸二氢钾。

图2-6 桃红颈天牛为害桃树枝干症状

（8）扒开根部土壤，晾根并检查有无冠腐病并刮治；挖除红颈天牛幼虫。

三、新梢速长期

桃树的新梢速长期主要在5—6月，此期的管理要点是调节树体生长，改善树体光照，促进幼果生长。主要的管理措施为：

1. 除萌

新梢长到10 cm时，新植幼树需整形下部萌芽、双芽。结果树要缩剪开花后未坐果的果枝，去掉剪锯口及根部萌蘖出的全部无用芽。

2. 定果

在硬核期前完成疏果定果，对没疏花或疏花未达标准的树疏果，在落花后两周开始，硬核期前必须完成。按定果数的2倍留果。长果枝留1～2个果，中果枝留1个果，短果枝和花束状果枝少留果。南方品种群上、中、下部叶果比为22、30和37；北方品种群平均叶果比为50。

3. 夏季修剪

此期幼树进行2次夏季修剪，5月底前完成。第一次修剪：选定主侧枝，对主枝方位、角度不适宜的要用支或拉的方法进行调整，其他多余副芽枝进行抹除或控制。第二次修剪：一是对主枝头的处理，若有几个新梢，需选留一个方向、角度均较合适的作为延长头，其余的采取疏除和扭梢相结合的办法进行处理，选留主枝、侧枝、控制竞争枝。二是对背上直立枝采取三项技术措施进行处理：①留3~4片叶极重短截，使其停长两周后再萌发出1~2个结果枝；②两侧有空间的在枝条基部进行拿枝软化，改变枝条角度，以填补该处空间空白；③对过于密集的背上直立枝从基部疏除。外侧枝选在主枝背斜侧，角度为70°~80°；竞争枝长达25 cm时，剪留15~20 cm，过密则疏除。

成龄树在5月下旬开始第一次夏季修剪，调节主、侧枝生长势，控制旺长，扩大枝叶面积，疏除过密枝，防止树势不平衡。内膛旺梢有空间时，留1~2个副梢，其余剪除，培养为结果枝组。对于背上直立枝的处理，方法和幼树的一样。

4. 土壤肥水管理

5月上旬是根系生长的高峰期，是结果树重要的追肥期，可施用氮肥和钾肥。未结果的树可不施，初结果的树可以少施。追肥后立即灌透水。

5. 果园自然生草或人工种草

为了保护果园害虫的天敌并使果园呈现生态多样性，需要在桃园进行自然生草或人工种草，自然生草要在草长到30~40 cm时及时进行刈割。人工种草可选用三叶草、鼠毛草、意大利冰草等。

果园生草是一种先进的果树管理方式，生草果园不仅为天敌创造了良好的栖息场所，而且为其提供了丰富的食源，可招引大量天敌来定居，生草果园天敌多于害虫。对于害虫的发生起到有效的控制作用，可大大减少果园的用药量，有利于绿色果品的生产。在生草的果园中，土壤保水力明显大于清耕果园，而且可以用草覆盖树盘，这样更有利改善土壤物理性状。

6. 病虫害防治

（1）有细菌性黑斑病的桃园，幼果期轮换选用20%噻菌铜悬浮剂500倍液或50%喹啉铜可湿性粉剂3 000倍液或锌铜石灰液，隔10~15 d喷1次。锌铜石灰液1年喷2~3次。套袋后还可继续喷叶片。

（2）有疮痂病的桃园，幼果树在脱裤[主干形树形把下部萌发芽（条）在1尺*处统统脱去，即脱裤]后喷药，隔10~15 d喷1次。轮换选用80%代森锰锌600倍液或80%硫黄1 000倍液或40%氟硅唑4 000倍液。采取套袋的桃园喷到套袋前。

（3）有炭疽病的桃园，幼果脱裤后喷药，隔10~15 d喷1次，轮换选用苯醚甲环唑2 000倍液或唑醚·代森联1 500倍液或氟硅唑4 000倍液。套袋园喷到套袋前。

———————————
* 尺为非法定计量单位，1尺≈0.33 m。

（4）有桃果红斑症的桃园，幼果脱裤后喷药，隔 10 ~ 15 d 喷 1 次，轮换选用代森锰锌 600 倍液或 50% 喹啉铜可湿性粉剂 3 000 倍液或唑醚·代森联 1 500 倍液。套袋园喷到套袋前。

（5）剪除梨小食心虫、卷叶虫、瘤蚜被害梢，集中销毁。

（6）有桃下心瘿螨（图 2-7）（果面斑点褐色）的桃园，幼果期隔 10 d 喷 1 次 0.2 ~ 0.3 度石硫合剂或 45% 晶体石硫合剂 300 ~ 400 倍液或 50% 硫黄悬浮剂 300 ~ 400 倍液。

图 2-7　桃下心瘿螨为害果实症状

（7）5 月中旬防治桃蛀螟（图 2-8）、绿盲蝽，轮换选用 3.2% 甲氨基阿维菌素苯甲酸盐 1 500 倍液或 40% 毒死蜱 1 500 倍液。

图 2-8　桃蛀螟为害桃果症状

有桑白蚧、康氏粉蚧的桃园，加 21% 乐盾 1 000 倍液（此时黑斑病开始发病，桑白蚧已经孵化）。

（8）5 月底至 6 月初防治梨小食心虫、卷叶虫、潜叶蛾（图 2-9）。喷灭幼脲 3 号 1 000 ~ 1 500 倍液加 1.5% 甲氨基阿维菌素苯甲酸盐 5 000 倍液或 20% 除毒 1 500 倍液（5 月下旬，此期正是桃潜叶蛾第 1 代成虫高峰）。

图 2-9　桃潜叶蛾为害叶片症状

（9）防治红颈天牛和透翅蛾（参照花前花后期相关病虫害防治方法）。

（10）防治小蠹虫，可用 90% 敌百虫晶体 1 000 倍液或 50% 辛硫磷乳油 1 200 倍液，全园喷药，注意每次打药都要把枝干打湿。

四、果实膨大期

桃树果实的膨大期依成熟期不同而不同，此期的主要目的是促进果实膨大，控制枝条旺长。主要的管理措施为：

1. 夏季修剪

（1）幼树第三次夏季修剪。此次夏季修剪的主要任务是对各类直立生长的新梢进行处理，总的原则是平衡树势，抑制离心生长，引光入膛，尤其是对于那些生长旺盛的徒长枝，有的已经生长出二次枝或三次枝，需根据其空间状况确定剪留程度。其次是控制竞争枝和其他旺枝，培养主、侧枝；主、侧枝梢长达1 m左右时，将主梢摘心，抑前促后，利用副梢扩大角度。对竞争枝和旺枝继续控制，修剪时，留1~2个副梢，将其余副梢剪除。

（2）成龄树第二次夏季修剪。此次夏季修剪的主要对象仍然是背上直立枝，主要是为了调节树体生长状况，改良树体的通风透光条件，达到提高果实品质以及确保枝条和花芽健壮发育的目的。由于人们对果品质量的要求越来越严格，夏季修剪的作用也就显得越发重要。但是，若夏季修剪去除大量的叶片，会减少光合作用器官，对树体生长的抑制作用增强，因此，需掌握好夏季修剪的程度，控制旺枝生长，控制副梢；旺枝生长需留有空间，留1~2个副梢，其余剪除；没有副梢的背上直立枝继续采取极重短截、扭梢和疏除相结合的办法进行处理；扭梢是将旺梢向下扭曲，或者将枝条从基部扭伤，使木质部和韧皮部同时受伤而不断开，并改变枝梢方向；枝组和果枝剪口芽萌发的旺枝与果实争养分，在叶面积够用时，留下1~2个副梢，剪去上部旺枝或对旺枝进行扭梢。

2. 吊枝

对负荷重的大枝和枝组进行吊枝。

3. 套袋、解袋

桃树果实套袋可以促进果实着色，减少农药残留，防止病虫害。套袋要先里后外、先上后下进行。

（1）选用避光、疏水、柔韧性好的纸袋。建议'大久保'用敞口袋。

（2）套袋前喷1遍杀虫、杀菌剂。

（3）解袋时间和方法。成熟前15 d开始对着光好的部位进行解袋观察，当袋内果开始由绿转白时，就是解袋最佳时期，先解上部外围果，后解下部内膛果。

4. 采收

早熟品种6月底开始采收。

5. 追肥灌水

追施桃果膨大肥，采收前20~30 d施入。宜以氮、钾含量较高的肥为主，施肥后立即灌水。针对目前普遍存在的由于长期大量施用化肥而导致的土壤板结、酸化、营养障碍严重、根系病害多等问题，可选用生物菌肥来进行土壤与植株的调理。生物菌肥有多方面的功能，主要功能是向植物提供营养，首先是提供氮、磷、钾等主体营养，同时也使土壤中的中量元素和微量元素作为植物营养的有效性大为提高。微生物还有调节作物生长的功能，微生物在降解土壤有机物过程中产生的许多小分子含碳有机物，有的可供植物直接吸收，有的形成了植物激素，有的形成抗性物质，对提高作物品质、抗性、产量都有好处。微生物肥料还可保持土壤中的水分，防止土壤已有肥料的流失。微生物肥料中微生物的代谢活动可以散发出一定量的生物热，可以增加地温；由于微生物的活动，可使土壤疏松，增加土壤孔隙度，防止土壤板结。长期使用微生物肥料，可以减轻病虫草害，减少农药使用量，逐步提高无残留农作物在农产品中的比例，从而增加农民收入，提高消费者健康水平。长期使用微生物肥料，还可提高土壤腐殖质，使得土壤越用越好，防止土壤退化、实现养地的功能。

6. 病虫害防治

（1）有细菌性黑斑病、疮痂病、炭疽病、桃果红斑症的桃园防治方法同"新梢速长期"相关病虫害防治方法。

（2）防治褐腐病（图2-10，图2-11），6月10日以后套袋的桃园，套袋前喷1次40%的氟硅唑4 000倍液，不套袋桃园采摘前45 d喷1次80%代森锰锌600倍液。

（3）防治根霉软腐病，套袋果摘袋后，不套果采摘前7 d，及时喷1次25%嘧菌酯3 000倍液或醚菌酯3 000倍液或吡唑醚菌酯3 000倍液。

图2-11 桃褐腐病为害果实后期症状

（4）及时摘除树上的病虫果，连同树下的病、虫残果，集中深埋30 cm以下。

（5）防治梨小食心虫、卷叶虫、潜叶蛾。不套袋园10～15 d喷1次药，轮换选用灭幼脲3号1 000～1 500倍液加1.5%甲氨基阿维菌素苯甲酸盐5 000倍或20%除毒1 500倍或3.2%甲氨基阿维菌素苯甲酸盐1 500倍。套袋园要注意防治潜叶蛾［5月至6月上旬，正是卷叶虫幼虫危害盛期，二斑叶螨（图2-12）开始发生］。

图2-10 桃褐腐病病果前期症状

图2-12 二斑叶螨为害叶片症状

（6）有康氏粉蚧的桃园，套袋前喷21% 绿盾 1 000 倍液。

（7）6 月上中旬，有毛下瘿螨（转芽危害盛期）的桃园，连续喷 2～3 次 0.2～0.3 度石硫合剂或 45% 晶体石硫合剂 300 倍液。

（8）6 月中旬，有扁平蚧的桃园，喷 5% 蚧杀地珠 1 000 倍液（此期正是扁平蚧孵化结束）。

（9）防治红白蜘蛛和跗线螨，选用 0.2～0.3 度石硫合剂或 50% 硫黄悬浮剂 300～400 倍液。

（10）防治红颈天牛，在 6 月 20 日—25 日，选用 40% 毒死蜱或高效氯氰菊酯 500 倍液混入黏土对树干和骨干枝基部进行涂刷，杀灭卵和初孵幼虫（1～3 年生桃树不用施药）。用糖醋液诱杀成虫，效果很好。

五、花芽分化期

花芽分化即芽轴的生长点无定形细胞的分生组织经过各种生理和形态的变化最终形成花的全过程。

和其他温带落叶果树一样，成龄桃树花芽分化主要包括两个过程：花诱导和花发育。在花诱导期间，生长点内部发生一系列生理的和生物化学的变化。而在花发育期间，生长点在外部形态上发生显著的变化。因此，人们又将这两个过程分别称为花芽生理分化和花芽形态分化。

在这两个阶段，生长点对外界环境条件的反应不同。在花诱导期间，生长点容易受外界条件的影响而改变代谢方向（或者向营养生长或者向生殖生长方向发展）。故也将生长点对内外条件反应的敏感时期称为花芽分化临界期。在花轴上，其尖端突起呈半圆形，之后可以辨认出花原基，这一时期被称为花的发端，标志着花芽形态分化开始。

桃树的花诱导时期一般开始在 5 月下旬至 6 月初，7 月初中旬结束。李绍华等对'红港''红晕'及'阳冠' 3 个品种的研究表明，其花诱导盛期一般处于长梢生长到其最终长度的 65%～90%。品种、树势、枝梢类型、芽在枝梢上所处的部位等都对花诱导产生很大的影响。在同一栽培技术、土壤和气候条件下，不同品种之间的花诱导盛期可相差 15～20 d；树势弱，花诱导发生早，反之则晚；幼年树也比成年树晚；从枝梢类型来讲，一般新梢的长度越短，花诱导发生的时间越早，例如短梢要比长梢早 20～30 d。但是，其花诱导结束的时期都相似。具体到一个枝条来说，基部的花芽诱导得早，持续的时间也长，而枝条上部的花芽诱导发生的晚，且持续的时间也短。

桃树的花芽分化期主要集中在 7 月，此期的目的是促进来年的花芽形成，因此应减少和控制营养生长。主要的管理措施为：

1. 夏季修剪

（1）在骨干枝上缺枝部位和准备更新枝组部位，注意选好预备枝，培养枝组，如果没有斜生枝，可利用背上旺梢通过拿枝改变角度改造成斜背上的结果枝。疏枝时注意选留枝组带头枝。

（2）以疏为主，疏掉过密旺枝，对需要保留的旺枝留 1 ~ 2 个副梢修剪。保留的副梢够 30 cm 时摘心，新梢够 50 cm 时摘心，侧生枝组的带头枝生长直立时可用拉枝的办法调为 45° ~ 70°。

幼树第四次夏季修剪：平衡树势，充实枝条，通风透光，有利于花芽分化；对于粗度 1 cm 以上的旺枝，经过二次修剪仍控制不住的，从基部疏除；粗度在 0.6 ~ 0.8 cm 的仍按上次修剪法，转弱结果，对长旺枝进行拉枝和扭梢。

（3）使树下地面着光率达到 30%。

2. 追肥

7 月上旬对晚熟品种追肥，中晚熟品种采摘前 15 d 进行根部和根外施肥，主要施入生物有机肥。

3. 雨季排水工作

桃树耐湿性差，雨水多或地下水位过高的地区，均要有排水设施。尤其在雨季一定注意不要让桃园积水，要特别指出的是沙地桃园的排水问题，一般认为砂土渗水性强，不易积水，但沙地积水有时不易察觉，尤其是在雨季容易发生涝害。

4. 采收

（1）适时采收。八成熟采收商品质量高。

（2）采摘方法。采收时戴手套、保留果柄、轻拿轻放。

（3）分级、包装。将摘下的果实在树下分级，套网套、装箱。

（4）运输。轻装轻放，减少颠簸。

5. 病虫害防治

（1）有细菌性黑斑病、疮痂病、炭疽病、桃果红斑病的桃园防治方法同"新梢速长期"。

（2）发生褐腐病、根霉软腐病、梨小食心虫、卷叶虫、潜叶蛾、红白蜘蛛和跗线螨等病虫害的桃园，防治方法同"果实膨大期"相关病虫害防治方法。

六、新梢停长期

桃树的新梢停长期主要集中在 8 月，此期的目的是让桃树有充裕的时间使叶片通过光合作用制造营养，增加树体的营养积累，进而提高花芽质量。否则，枝条停长得晚，生长期过长，消耗就大于积累，这样既不利于果树翌年的开花坐果，也不利于增强其抵抗自然灾害的能力。主要的管理措施为：

1. 8 月上旬追肥浇水、采收中熟品种

2. 夏季修剪

8 月上旬对上次夏季修剪摘心后萌发出长达 15 ~ 20 cm 的一次和二次副梢，剪去顶端幼嫩部分，这样可减少营养消耗，改善通风透光条件，有利于充实枝条与花芽；内膛 60 cm 以上的旺枝剪去 1/4 ~ 1/3，疏除过密枝条，利用拿枝开张角度。

3. 病虫害防治

（1）基本病虫害防治方法同"新梢速长期""果实膨大期"。

（2）8 月中下旬，主干绑草把，骨干枝绑布条；采收桃果时树上均匀分布保留 30 ~ 50 空袋，诱集越冬害虫。

七、果实成熟期

桃树的中晚熟品种主要集中在8—10月成熟。主要的管理措施为：

1. 秋施生物有机肥

（1）施肥时期。9—10月是根系生长高峰期，为生物有机肥施用的最佳时期，气温、土温适宜，施入后有利于延迟叶片衰老，促进花芽发育、枝条充实，可提高树体营养储存水平，增强树体抗性，为来年优质丰产打下良好的基础。

（2）施肥数量。施优质生物有机肥200～300kg/亩。

（3）施肥方法。①从树冠垂直投影外缘向内挖深约40cm、宽40cm，内浅外深的4条放射状施肥沟，将腐熟有机肥与土混合施入，然后覆土、浇水；②局部改土节水施肥法。在树冠垂直投影外缘，沿行向距树干2m处挖宽40cm、深20cm的浇、排两用沟。在沟内侧各挖2个0.25 m²的施肥穴，将腐熟有机肥与土混匀施入穴内，从树干处向外形成斜坡，浇水时向内浸润，树干附近不再浇水。

2. 叶面喷肥和杀菌剂，保护好叶片

3. 中晚熟品种采收

4. 病虫害防治

（1）采收桃果时树上均匀分布保留30～50空袋，诱集越冬害虫。

（2）10月中旬，幼树防治浮尘子喷40%毒死蜱1 500倍液或4.5%高效氯氰菊酯1 500倍液，发生量大的10月下旬再喷药1次。

（3）10月中下旬，桃树主干和骨干枝涂白（图2-13）（水：生石灰：盐按30：8：1.5的比例混合调制），预防日烧、冻害及枝干病害。

图2-13　桃树枝干涂白防治越冬病虫

（4）发生褐腐病、根霉软腐病、梨小食心虫、卷叶虫等病虫害的桃园，防治方法同"新梢速长期""果实膨大期"相关病虫害防治技术。

八、落叶期

北方地区桃树落叶期主要集中在11月，此期前后属于养分回流期。主要的管理措施为：

11月上旬在土壤封冻前浇冻水，冻水对于防止桃树抽条有非常重要的作用。树畦不浇，只浇两边畦。清洁果园，将枯枝落叶集中烧毁；尤其是褐腐病的病果，有的已落地，有的直接失水干缩在树上，需认真捡净摘净，以免除来年的褐腐病菌侵染源。幼树做防寒土埂或涂抹保护剂。

九、休眠期

此期（12月至翌年2月）桃树的芽和其他器官生长已经适时停顿，仅维持微弱的生命周期活动来抵御严寒的冬季。主要的管理措施为：

清除老枝、病枝、落叶，刮除翘皮；在修剪中幼树以整形为主，成年树以均衡树势、维持高产稳产为主。

幼树修剪可通过支、拉等措施整理树形。因桃树为喜光树种，不管采用何种树形，都要求骨干枝同向之间有1m以上的距离。整个树体上层叶幕面积不能超过下层的50%。主枝角度以45°～50°为好，大、中结果枝组角度为45°～70°。骨干枝延长头可适当长留，从第二年开始即可不短截，但一定要选一个角度、部位都合适的分枝处进行剪截。剪口处直径小于1.2 cm则新头变弱，不能正常扩冠，可通过生长量增减和角度大小来调整骨干枝的平衡。结果枝、副梢果枝根据粗度留足花芽，即追花剪，遇有分枝处剪截；若无分支，且枝条又过长，可将梢部适当剪去一部分。一般保留花芽节数不超过8个。上年追花剪的果枝，这次冬季修剪要回缩到向上的叶芽处或叶丛枝上，以便复壮。

结果大树修剪，以防止外强内弱，以结果部位外移为重点。骨干枝上部除延长枝外，不留其他旺枝；骨干枝的背下、两侧枝应尽量保留。冬季修剪要控前促后，控制直立，巩固两侧结果枝适当短留，并留出预备枝，衰弱枝组及时回缩更新。

第三章　桃树的需水需肥规律

第一节　桃树的需水规律

桃树根系较浅,主要分布于0～40cm,但是抗旱性强,当土壤中含水量达20%～40%时,根系生长很好。桃树对水分反应较敏感,表现为耐旱怕涝,但自萌芽到果实成熟要有充分的水分供应,才能满足桃树正常生长发育的需求。以排水良好、通透性强、土壤较肥沃的砂壤土栽培较好。

一、桃树的需水特点

桃树对水分的反应比较敏感,适宜的土壤水分有利于开花、坐果、枝条生长、花芽分化、果实生长与品质提高。桃树根系呼吸旺盛,耐水性弱,最怕水淹,连续积水48 h就会造成落叶和死树。在排水不良和地下水位高的桃园,会引起根系早衰、叶薄、色淡,进而落叶落果、流胶以至植株死亡。如果缺水,根系生长缓慢或停长,如有1/4以上的根系处于干旱状态,地上部就会出现萎蔫现象。春季雨水不足,会导致萌芽慢,开花迟;在生长期降水量达500 mm以上时,枝叶旺长,对花芽形成不利,在北方则表现为枝条成熟不完全,冬季易受冻害。

桃树果实含水量达85%～90%,供水不足,会严重影响果实发育,但在果实生长和成熟期间,雨量过大,易使果实着色不良,可溶性固形物含量下降,裂果加重,炭疽病、褐腐病、疮痂病等病害发生严重。在我国北方桃产区降水量为300～800 mm,如可进行灌溉,即使雨量少,由于光照时间长,同样果实大,糖度高,着色好。

在桃树整个生长期,土壤含水量在40%～60%有利于枝条生长与生产优质果品。试验结果表明,当土壤含水量降到10%～15%时,枝叶出现萎蔫现象。一年内不同的时期对水分的要求不同。

桃树需水的两个关键时期,即花期和果实最后膨大期。如花期水分不足,则萌芽不正常,开花不齐,坐果率低,影响当年产量。果实最后膨大期为果实生长的第三个时期,此期如果缺水,果实则不能膨大,果个小,产量低,但也不宜过多、过勤灌水,以防果实风味变淡。要少量、多次均衡灌水,防止大水漫灌和忽旱忽涝,引起采摘前落果、裂果和品质下降。因此,虽说桃树耐旱,但为获高产优质的桃,应在各生育期及时保证水分供给。

采摘前 10 d 减少或停止灌水，以提高果实糖度并促进果实着色、提早成熟。这两个时期应尽量满足桃树对水分的需求。若桃树生长期水分过多，土壤含水量高或积水，则因土壤中氧气不足，导致根系呼吸受阻而生长不良，严重时出现死树。采果后，要进行施肥和足量灌透水，促进新梢生长，迅速恢复树冠。7 月中下旬以后要减少灌水，及时控水，适度水分胁迫，控制树体营养生长，促进花芽形成和枝条成熟。秋施肥后要及时充分灌水。进入 9 月桃树停长后需水量小，仅在过分干旱时灌小水即可。

因此，需根据不同品种、树龄、土壤质地、气候特点等来确定桃园灌溉、排水的时期和用量。

二、桃树水分敏感期

桃树在以下几个生育期对水分供应比较敏感，若墒情不够，应及时灌溉。

（1）萌芽至花前。此时缺水易引起花芽分化不正常，开花不整齐，坐果率降低，直接影响当年产量。

（2）硬核期。此时是新梢快速生长期及果实的第一次迅速生长期，需水量多且对缺水极为敏感，因此必须保证水分供给，南方地区正值雨季，可根据实际情况确定。

（3）果实膨大期。此时为果实生长的第二次高峰期，果实体积的 2/3 是在此期生长的，如果此时不能满足桃树对水分的需求，会严重影响果实的生长，导致果个变小，品质下降。在果实发育

中后期应注意均匀灌水，保持土壤墒情良好与稳定，特别是油桃园，如在久旱后突灌大水易引起裂果。

（4）秋灌。结合晚秋施基肥后灌 1 次水，以促进根系生长。

（5）冬灌。北方地区一般在封冻前灌 1 次封冻水，以保持严冬蓄积充足水分，若冬季（封冻前）雨雪多时可以不冬灌。

第二节　桃树的需肥规律

桃树作为果树之一，在营养储藏方面与普通多年生木本植物相类似。桃树又不同于大田作物，其生命周期可以看作一个整体，且生长具有一定的累积作用，同时又具有周年变化的特点。因此，在整个生命周期中，不同的时期需要的养分不同，一年内养分需求也具有差异。

一、桃树营养贮藏特点

贮藏营养是桃树等多年生木本植物在物质分配方面的自然适应性，它可以保证植株顺利度过不良生长环境时期（如寒冬），保证下一个年生长周期启动后的物质和能量供应。它是跨年度树体生命延续的物质基础，如果营养储藏匮乏，冬季树体抗逆性必然降低，常出现寒害、冻害甚至死亡，也会影响第二年的根系发生、正常萌芽、开花、坐果、新梢生长等生长发育活动，进而影响花芽分化、果实膨大等过程。因此，提高树体的营养储藏水平，减少无效消耗是桃树丰产、稳产和优质高产的重要主攻

方向和技术原则。桃树的营养储藏特性使桃树对施肥的敏感性降低，施肥的直接效果降低，就会造成桃农对施肥的不重视。但通过施肥增加营养储藏水平对桃树生长发育有长远影响，对桃树丰产稳产起着巨大作用。

提高树体营养储藏水平应贯穿于整个生长季节，开源与节流并举。开源方面应重视平衡施肥，加强根外追肥；节流方面应注意减少无效消耗，如疏花疏果，控制新梢过旺生长等。提高储藏营养的关键时期是果实采收前后到落叶前，早施基肥，保叶养根和加强根外补肥是提高储藏营养有效的技术措施。

二、桃树的需肥规律

桃树生长快，年生长量较大，一般定植后 3 年就开始结果，营养生长与生殖生长同时进行，所以需肥相对比较多。桃树结果早，寿命短，较苹果、梨等果树耐瘠薄。桃树各组织中营养元素的含量见表 3-1。

从表 3-1 看出，不同营养元素在桃树各部分组织中的含量差别很大，氮在各组织中含量由高到低为果实、枝条、根、叶、主干，氮的吸收量比较大，主要集中在果实与叶中；磷在各组织中含量由高到低为果实、根、叶、枝条、主干；钾在各组织中含量由高到低为叶、果实、枝条、根、主干。桃树对钙的吸收随着生长季节而变化，新梢生长高峰后，氮、磷、钾的吸收迅速增长，以后随着果实生长钙吸收量继续增加。果实迅速膨大期各养分吸收量最大，以钾最为突出，以后至果实采收期吸收量渐减。在氮、磷、钾三要素中，桃树对钾的需求量最大，对氮的需求量仅次于钾，对磷的需求量较少。幼树期需肥量少，施氮过多易引起徒长，延迟结果。进入盛果期后，随新梢的生长和产量增加需肥量渐多。一般每生产 100 kg 桃，需氮 0.48 kg、磷 0.2 kg、钾 0.76 kg，对氮、磷、钾的吸收比例大体为 1：0.42：1.58。具体施肥量最好以历年产量变化及树体

表 3-1   桃树各组织中营养元素含量

组织名称	大量元素 /%			中量元素 /%		微量元素 / (mg/kg)			
	氮	磷	钾	镁	钙	铜	铁	锰	锌
叶	0.71	0.088	1.33	0.373	1.42	21	140	120	22
果实	1.74	0.104	0.95	0.044	0.04	13	54	36	26
枝条	1.37	0.032	0.69	0.192	1.52	9	58	38	35
主干	0.21	0.010	0.07	0.024	0.26	5	35	8	8
根	0.82	0.097	0.27	0.063	0.16	4	140	22	15

资料来源：中国农业百科全书总编辑委员会，畜牧业卷总编辑委员会.中国农业百科全书农业化学卷［M］.北京：中国农业出版社,1996.

生长势作为主要依据。据中国农业大学测定，叶分析的适量标准值，三要素分别为：2.8%～4.0%（氮）、0.15%～0.29%（磷）和1.5%～2.7%（钾）。

桃树对氮较为敏感，氮肥适量，能促进枝叶生长，有利于花芽分化和果实发育。磷肥不足，则根系生长发育不良，春季萌芽开花推迟，影响新梢和果实生长，降低品质，且不耐贮运。钾对果实的发育特别重要，在果实内钾的含量为氮的3.2倍。钾肥充足，果个大，含糖量高，风味浓，色泽鲜艳，轻度缺钾时，在硬核期以前不易发现，到果实第二次膨大，才表现出果实不能迅速膨大的症状。

不同树龄桃树对养分需求不同。氮是桃树生长最重要的养分，根据资料整理，通过对不同生育期的叶片、新梢和果实生长情况周年动态观测和生物量分析，形成桃树年周期内新生器官氮累积变化曲线（图3-1、图3-2）。氮周年变化可以分为3个部分，从萌芽到新梢加

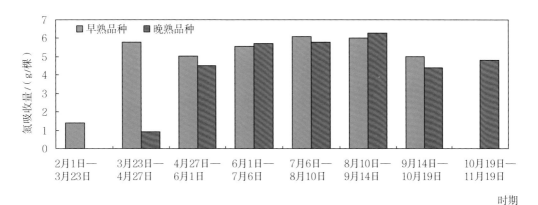

图3-1　三年生早熟品种和晚熟品种桃树不同时期的氮吸收情况
（M.Policarpo，2002）

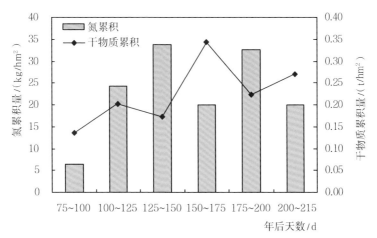

图3-2　七年生桃树的阶段干物质累积量和氮累积量
（J.RUFAT，2002）

速生长期为"大量需氮期",此期氮的稳定足量供应将为根、枝、叶、花、果实充分发育奠定良好的物质基础;从5月中旬至9月初为"氮稳定供应期",氮主要来源于根系的吸收,此时氮遍布树体但含量较萌芽前低,而且不同器官含量也不同,该时期氮主要用于维持各部位正常功能及果实发育;从9月初到落叶为"氮回流贮藏期",这个时期树体吸收大量养分贮存于根茎及枝条中,为萌芽、枝叶生长、开花和结果时用。

桃树所吸收的矿质营养元素,除了满足当年产量的需要外,还要形成足够的营养生长和贮藏养分,以备继续生长发育的需要。营养生长和生殖生长对贮藏营养都有很强的依赖性,贮藏营养主要是通过秋季追肥提供的。树体这种循环供给养分的能力使得肥料效应可能不会在当年完全显现,有69%～80%的氮贮藏在桃树的根系中,而且开始新生长的前25～30 d,所有的氮全部来自贮藏营养,贮藏氮可以用来供给新的生长一直到花后大约75 d。

桃树的施肥还要考虑其吸收特点和分配的季节规律。在果树的年生长周期中,只有当营养生长和生殖生长协调发展,才能获得高产优质的商品果实。若供肥不足,则会导致桃树营养生长不良,即使着生较多的花芽,如果无足够的营养发育,也会造成果少质次;反之,施肥过量、尤其是氮肥过多,会使营养生长过旺、枝梢徒长,花芽分化不良,有的虽然能开花结果,但容易生理落果,或坐果果实小且质次;此外,枝叶旺长还会与果实争夺养分,引起果实缺素症,形成裂核并发生生理性病害,所以,施肥必须依据结果量确定施肥量,同时还要考虑所施肥料的营养平衡。

三、桃树各时期对养分需求特点

桃树从幼树成活到死亡,在同一块地上要生长十几年甚至几十年。在不同时期中由于其生理功能的差异造成对养分需求的差异。幼龄期桃树需肥量较少,但对肥料特别敏感,要求施足磷肥,促进根系生长,适当施用钾肥,在有机肥充足的情况下,可少施或不施氮肥。初果期是桃树由营养生长向生殖生长转化的关键时期,施肥应针对树体状况区别对待,若营养生长较强,应以磷肥为主,配合钾肥,少施氮肥;若营养生长未达到结果要求,培养健壮树势仍是施肥重点,此时应以磷肥为主,配合氮肥、钾肥。盛果期施肥主要目的是维持健壮树势,优质丰产,所以应氮肥、磷肥、钾肥配合施用,并根据树势和结果的多少有所侧重。在更新衰老期,施肥上应偏施氮肥,以促进更新复壮,维持树势,延长结果年份。

在桃树栽培的过程中,应当注意营养生长与生殖生长对养分的竞争。营养生长与生殖生长之间的矛盾贯穿于桃树生长发育的全过程。营养生长是基础,生殖生长是目的,协调营养生长与生殖生长之间的矛盾是桃树施肥技术措施的主要目标。施肥时期、方法、种类、数量等也都要为这一目标服务。

在桃树整个生命周期中，幼树良好的营养生长是开花结果的基础，没有良好的营养生长，就没有较高的产量和优良的品质，因此在有机肥充足的桃园可以少施氮肥多施磷肥，但在贫瘠的山丘地，不可忽视氮肥的施用。幼树根系较少，吸收能力差，加强根外追肥对于加快营养生长，发挥叶功能有重要意义。当营养生长进行到一定程度，干周粗度在 20 cm 以上，要及时促进由营养生长向生殖生长的转化，土壤以供应磷、钾为主，少施或不施氮肥；叶面施肥早期以氮为主，中后期以磷、钾为主，促进花芽形成，提早结果。进入盛果期后，生殖生长占主导地位，大量养分用于开花结果，因此，减少无效消耗，节约养分具有重要意义，施肥上要氮、磷、钾配合施用，增加氮和钾的量，满足果实的需要，并注意维持健壮树势。

年周期中，桃树营养可分为 4 个时期：第一个时期是利用贮藏养分期；第二个时期是贮藏养分和当年生养分交替期；第三个时期是利用当年生营养期；第四个时期是营养转化积累贮藏期。早春利用贮藏养分期，萌芽、枝叶生长和根系生长与开花坐果对养分竞争激烈，开花坐果对养分竞争力最强，因此在协调矛盾上主要应采取疏花疏果，减少无效消耗，把尽可能多的养分节约下来，用于营养生长，为以后的生长发育打下一个坚实的基础。根系管理和施肥上，应注意提高地温，促进根系活动，加强

对养分吸收，从萌芽前就开始根外追肥，并缓和养分竞争，保证桃树正常生长发育。养分贮藏和当年生养分的交替期，又称"青黄不接"期，是衡量树体养分状况的临界期，若养分贮藏不足或分配不合理，则会出现"断粮"现象，制约桃树正常的生长发育。加强秋季管理提高贮藏水平、春季地温早回升、疏花疏果节约养分等措施有利于延长春季养分贮藏供应期，提高当年生养分供应期，缓解矛盾，是保证连年丰产稳产的基本措施。在利用当年生营养期，有节奏地进行养分积累、营养生长、生殖生长是养分合理运用的关键。此期养分利用中心主要是枝梢生长和果实发育，新梢持续旺长和坐果过多是造成营养失衡的主要原因，因此，调节枝类组成，合理调整负荷是保证有节律生长发育的基础。此期施肥上要保证稳定供应，并注意根据树势调整氮、磷、钾的比例，特别是氮肥的施用量、施用时期和施用方式。养分积累贮藏期是叶片中各种养分回流到枝干和根中的过程。早、中熟品种从采果后开始积累，晚熟品种从采果前已经开始，二者均持续到落叶前结束。适时采收、早施基肥和加强秋季根外追肥、防止秋梢生长过旺、保护秋叶等措施是保证养分及时、充分回流的有效手段。

四、桃园施肥管理新目标

党的十八大以后，国家十分重视生态文明建设，农业部也制订了化肥零增长实施方案，在果菜茶上实施有机肥替

代化肥行动。在新的形势下，桃树生产中的施肥管理也要适应形势的变化，新的管理目标为：一是让桃树生长得更健康、产量最高、品质优异，效益最高；二是优化肥料施用，减少肥料的径流、淋洗等损失，减少环境污染。桃树大多生长在半山坡砂壤土，容易发生养分的径流与淋洗损失，这给桃树的施肥管理提出更高要求。首先，由于大多数桃树具有贮藏营养的特点，其生长状况和产量不仅受当年施肥和土壤养分供应状况的影响，同时也受上季施肥和土壤养分状况的影响；其次，桃树生长往往是生殖生长与营养生长交替进行，这就会影响桃树施肥效果，因此桃园养分管理原则与大田作物相比有很大的不同。

第四章 桃品种

以北京市平谷区为例，平谷区属暖温带大陆性季风气候，四季分明，春季干旱多风，夏季高温多雨，秋季凉爽湿润，冬季寒冷干燥，光热条件丰富，热量条件基本满足桃树的生长所需，平谷区绵延百余里的山前暖温带，由于处于长辐射地带，光照充足、昼夜温差大，非常适合桃树生长，有利于桃果糖分的积累。随着农业结构调整的深入开展，平谷地区的桃产业发展很快。特别是自1987年以来，平谷区桃园的种植面积和产量均呈迅速上升趋势，到2007年全区桃树种植面积已达22万亩，占北京市桃树总种植面积的66%，总产量 2.2×10^8 kg，其种植面积和产量均为全国第一大区县，2006年平谷大桃获得"国家地理标志产品保护"称号。

平谷地区的主要桃品种类型为普通桃、油桃、蟠桃和黄桃四大类型，主栽品种约40个，基本代表了北京桃区的主栽品种。

第一节 普通桃品种

一、'瑞红'

'瑞红'为早熟桃品种（图4-1）。果实近圆形，平均单果重193 g，大果重236 g。果顶圆，果面近全红。果肉黄白色，硬溶质，多汁，风味甜，耐贮运，黏核。无花粉。在北京地区7月上中旬果实成熟，果实发育期83 d，丰产。

图4-1 '瑞红'

二、'华玉'

'华玉'为晚熟硬肉型白肉桃品种（图4-2）。果实近圆形，果个大，平均单果重270 g，大果重400 g。果顶圆平，果面1/2以上着玫瑰红色或紫红色晕，果皮中等厚，不易剥离。果肉白色，肉质硬，细而致密，汁液中等，纤维少，风味甜，有香气，不褐变，极耐贮运，离核。树势中庸，树姿半开张。花芽形成好，复花芽多，花蔷薇形，无花粉。可溶性固形物含量为13.5%。8月下旬果实成熟，果实发育期约125 d，丰产，商品性极佳。

图4-2 '华玉'

三、'霞脆'

'霞脆'是江苏省农业科学院园艺研究所育成的品种（图4-3）。果实近圆形，平均单果重165 g，大果重300 g。果皮乳白色，着色较好，腹部有少量锈条纹，果皮不能剥离。果肉白色，不溶质，汁液中等，风味甜，耐贮性好，常温下可存放1周以上，黏核。可溶性固形物含量为11.0%～13.0%。7月初果实成熟。

图4-3 '霞脆'

四、'晚白凤'

'晚白凤'（图4-4）平均单果重250 g，大果重350 g。黏核。有花粉。可溶性固形物含量为14%～15%。8月上旬果实成熟。

图4-4 '晚白凤'

五、'早久保'

'早久保'（图4-5）平均单果重250 g，大果重400 g。耐贮运，离核。有花粉。可溶性固形物含量为12%。7月中旬果实成熟。

图4-5 '早久保'

六、'早玉'

'早玉'为硬肉型中熟桃品种（图4-6）。平均单果重195 g，大果重304 g。

果顶突尖，缝合线浅，果面1/2以上着玫瑰红色，果皮底色为黄白色，皮下有红丝。果肉白色，肉质硬，近核处少量红色，纤维少，风味甜，离核。树势中庸，树姿半开张。花芽形成好，复花芽多。可溶性固形物含量为13%。7月中下旬果实成熟，果实发育期93 d，各类果枝均能结果，幼树以长、中果枝结果为主，丰产。

图4-7　'大久保'

八、'谷红一号'（'早9号'）

'谷红一号'果实近圆形（图4-8），果形整齐，平均单果重350 g，大果重450 g。果顶平，微凹，缝合线浅，两侧对称，果面1/2紫红至全红，绒毛中等，果皮底色绿白色，皮下红色素多。果肉白色，近核处红色，汁液中等，风味浓甜，耐贮运，黏核。有花粉。可溶性固形物含量为12%～13%。7月下旬果实成熟。

图4-6　'早玉'

七、'大久保'

'大久保'（图4-7）是水蜜桃的一种，引自日本，为日本人大久保重五郎在1920年发现，1927年命名，是日本栽培面积最大的品种。果形大，圆而不正，果重230～280 g。果面光滑美观，向阳面、顶部及缝合处侧着红晕，果皮鲜红色，果皮底色乳白。果肉白色，肉质致密，近核处着玫瑰红色，溶质，多汁，纤维少，风味甜酸而浓，香气中等。可溶性固形物含量为16.48%，7月底果实成熟，品质上等。

图4-8　'谷红一号'（'早9号'）

九、'红不软'

'红不软'果实近圆形（图4-9），平均单果重267 g，大果重689 g。果顶圆，缝合线浅，两侧对称，果面绒毛短且稀少，果皮厚，充分成熟时也不能剥离。果皮下果肉有红色斑，果肉呈乳白色，肉质细而致密，近核处有红色放射状条纹，不溶质，果实全红不易软，耐贮运，抗病性强，耐寒性差，冬季最低温度在 -15℃ 以下会发生冻害。黏核。树势强健。有花粉。可溶性固形物含量为 11% ~ 12.8%。果实发育期 115 d，北京地区 8 月中旬果实成熟。

图 4-9 '红不软'

十、'大红桃'

'大红桃'（图 4-10）平均单果重 250 g，大果重 400 g。耐贮运，离核。无花粉。可溶性固形物含量为 11% ~ 13%。7 月下旬果实成熟，采摘期长。

图 4-10 '大红桃'

十一、'秦王'

'秦王'（图 4-11）平均单果重 205 g，果面 1/2 以上着红晕，果肉白色，风味甜酸，肉质特硬，极耐贮运，黏核。可溶性固形物含量为 12.8%。在陕西地区 8 月中旬果实成熟。

图 4-11 '秦王'

十二、'晚蜜'

'晚蜜'为极晚熟桃品种（图 4-12）。果实近圆形，平均单果重 230 g，大果重 420 g。果顶圆，缝合线浅，两侧对称，果面 1/2 以上深红色晕，果皮底色淡绿或黄白色，不易剥离，完熟时可剥离。果肉白色，近核处红色，硬溶质，风味浓甜，黏核。可溶性固形物含量为 14.5%。在北京地区 9 月底果实成熟，果实发育期 165 d，丰产。

图 4-12 '晚蜜'

十三、'燕红'

'燕红桃'原产河北（图4-13），原名绿化9号，是北京市林果研究所杂交育成的品种，于20世纪80年代引入河口，由于鸭绿江水域的影响，造成了优越的小气候条件，使'燕红桃'在这里栽培得以成功。

图4-13 '燕红桃'

十四、'中华寿桃'

'中华寿桃'果实最大可达1 000 g以上（图4-14），多数均在400～500 g。成熟后的大桃颜色鲜红，果肉软硬适度，汁多如蜜，含糖量可达18%～20%，属极晚熟品种，于10月底11月初收获。适应性强，除涝洼、盐碱地外，绝大部分地方的土质都可栽培。'中华寿桃'抗寒性强。花芽冻死率低，抗旱，不耐涝，耐瘠薄。

图4-14 '中华寿桃'

第二节 油桃品种

一、'瑞光18号'

'瑞光18号'为中熟油桃（图4-15）。短椭圆形，平均单果重210 g，大果重260 g。果面3/4以上为紫红色晕，果面亮丽。果肉黄色，硬溶质，风味甜，黏核，不裂果。可溶性固形物含量为9.0%～12.0%。在北京地区7月下旬果实成熟，果实发育期104 d，丰产。

图4-15 '瑞光18号'

二、'瑞光27号'

'瑞光27号'为中熟油桃（图4-16）。平均单果重180 g。果肉白色，硬溶质，黏核。8月上中旬果实成熟，果实发育期118 d。

图4-16 '瑞光27号'

三、'瑞光 28 号'

'瑞光 28 号'为中熟大果形油桃（图 4-17）。果实呈近圆至短椭圆形，平均单果重 260 g，大果重 650 g。果面近全面紫红色晕。果肉黄色，硬溶质，多汁，风味甜，花铃形，花粉多。可溶性固形物含量为 10% ～ 14%。在北京地区 7 月下旬果实成熟，果实发育期 101 d，丰产。

图 4-18 '瑞光 33 号'

果面 3/4 以上着玫瑰红色或紫红色晕，果皮厚度中等，不能剥离，皮下红色素少。果肉黄白色，近核处有少量红色素，硬溶质，汁液多，风味浓甜，黏核。可溶性固形物含量为 13%。8 月下旬果实成熟，果实发育期 132 d。

图 4-17 '瑞光 28 号'

四、'瑞光 33 号'

'瑞光 33 号'为中熟大果形油桃（图 4-18）。果实近圆形，平均单果重 271 g，大果重 515 g。果顶圆，缝合线浅，果面 3/4 近全面着玫瑰红色晕，果皮厚度中等，不能剥离，皮下红多。果肉黄白色，近核处无红，硬溶质，汁液多，风味甜，黏核。花蔷薇形，无花粉。可溶性固形物含量为 12.8%。7 月下旬果实成熟，果实发育期 101 d，商品性好。

五、'瑞光 39 号'

'瑞光 39 号'为晚熟油桃（图 4-19）。果实近圆形，平均单果重 202 g，大果重 284 g。果顶圆，略带微尖，缝合线浅，

图 4-19 '瑞光 39 号'

六、'瑞光美玉'

'瑞光美玉'为中熟油桃（图 4-20）。平均单果重 187 g，大果重 253 g。全红。果肉白色，硬肉，风味甜，离核。花芽形成好，复花芽多。可溶性固形物含量为 11%。7 月下旬果实成熟，果实发育期 98 d，丰产。

图 4-20 '瑞光美玉'

七、'中油 5 号'

'中油 5 号'是中国农业科学院郑州果树研究所品种（图 4-21），短椭圆或近圆形，平均单果重 166 g。大部分着玫瑰红色，果肉白色，黏核。可溶性固形物含量为 11%。在郑州地区 6 月中旬果实成熟，果实发育期 72 d。

图 4-21 '中油 5 号'

八、'中油 11 号'

'中油 11 号'郑州果树研究所品种（图 4-22），平均单果重 90 ~ 100 g。整个果面着鲜红色，果肉白色，风味甜，黏核。可溶性固形物含量为 9% ~ 12%。极早熟，在郑州地区 5 月中旬果实成熟，可比"曙光"提早 15 d，果实发育期 50 d。

图 4-22 '中油 11 号'

九、'夏至早红'

'夏至早红'为极早熟油桃（图 4-23）。果实近圆形，平均单果重 138 g，大果重 163 g。果顶圆，稍凹入，缝合线浅，果面近全面着玫瑰红色或紫红色晕，上色早而均匀，色泽艳丽。果肉黄白色，硬溶质，硬度较高，多汁，风味甜，黏核。可溶性固形物含量为 12.6%，6 月下旬（夏至）果实成熟，果实发育期约 67 d，丰产。

图 4-23 '夏至早红'

十、'夏至红'

'夏至红'为早熟油桃（图4-24）。果实近圆或扁圆形，平均单果重172 g，大果重242 g。果顶圆，稍凹入，果面全红、色泽艳丽。果肉白色，风味甜，黏核。花铃形，有花粉。可溶性固形物含量为12.1%。7月初果实成熟，果实发育期78 d，丰产。

图4-24 '夏至红'

第三节 蟠桃品种

一、'瑞油蟠2号'

'瑞油蟠2号'为中熟油蟠桃（图4-25）。平均单果重140 g。果顶较好，果面近全红，果肉白色，硬度较高，风味甜，黏核。在北京地区8月上旬果实成熟，成熟时树上挂果期比较长。丰产。

图4-25 '瑞油蟠2号'

二、'金霞油蟠'

'金霞油蟠'的果实扁平形（图4-26），果心无或小。平均单果重121 g，最大果重197 g。果面80%以上着红色，外观艳丽，果皮底色黄色。果肉金黄色，软溶质，风味甜，黏核。可溶性固形物含量为12.0% ~ 14.5%。在江苏南京7月20日左右果实成熟，果实发育期约114 d。

图4-26 '金霞油蟠'

三、'瑞蟠13号'

'瑞蟠13号'是早熟蟠桃（图4-27）。果实扁平形，平均单果重133 g，大果重183 g。果顶凹入，不裂或个别轻微裂，缝合线浅，果面近全红，果皮中厚，易剥离。果肉黄白色,硬溶质，较硬，多汁，纤维少，风味甜，有淡香气，耐运输，黏核。花芽形成容易，复花芽多，花蔷薇形，花粉多。可溶性固形物含量为11%以上。在北京地区6月底果实成熟，果实发育期78 d，早果，丰产。

图 4-27 '瑞蟠 13 号'

四、'瑞蟠 14 号'

'瑞蟠 14 号'为早熟蟠桃品种（图 4-28）。果形圆整，果个均匀，果实扁平，平均单果重 137 g，大果重 172 g。果顶凹入，不裂顶，缝合线浅，果面全面着红色晕，果皮黄白色，中等厚，难剥离。果肉黄白色，硬溶质，多汁，纤维少，风味甜，有香气，黏核。花芽形成好，复花芽多，花粉多。可溶性固形物含量为 11%。在北京地区 7 月上中旬果实成熟，果实发育期 87 d，丰产。

图 4-28 '瑞蟠 14 号'

五、'瑞蟠 16 号'

'瑞蟠 16 号'为中熟蟠桃品种（图 4-29）。果实扁平形，果形圆整，果个均匀，平均单果重 122 g，大果重 159 g。果顶凹入，不裂顶，缝合线浅，果面全面着红色晕，果皮中厚，易剥离。果肉黄白色，硬溶质，多汁，纤维少，风味甜，黏核。花芽形成好，复花芽多，花蔷薇形，花粉多。可溶性固形物含量为 11%。在北京地区 7 月中下旬果实成熟，果实发育期 96 d，自然坐果率高，丰产。

图 4-29 '瑞蟠 16 号'

六、'瑞蟠 18 号'

'瑞蟠 18 号'为中熟蟠桃品种（图 4-30）。果实扁平形，果个均匀，平均单果重 155 g，最大果重 196 g。果顶凹入，不裂顶，缝合线浅，果面近全面着玫瑰红色晕，果皮底色为黄白色，中厚，不能剥离。果肉黄白色，近核处少红，硬溶质，多汁，纤维少，风味甜，有淡香味，黏核。花蔷薇形，无花粉。可溶性固形物含量为 12.4%。在北京地区 7 月底果实成熟，果实发育期 108 d，丰产。

图 4-30 '瑞蟠 18 号'

七、'瑞蟠19号'

'瑞蟠19号'为中熟蟠桃品种（图4-31）。果实扁平形，果个均匀，平均单果重161 g，最大果重233 g。果顶凹入，部分果实有裂顶现象，果面近全面着紫红色晕，果皮底色黄白，中等厚，不能剥离。果肉黄白色，硬溶质，多汁，纤维少，风味甜，黏核。花蔷薇形，花粉多。可溶性固形物含量为11.3%。在北京地区8月中旬果实成熟，果实发育期119 d。

图4-31　'瑞蟠19号'

八、'瑞蟠20号'

'瑞蟠20号'为极晚熟蟠桃品种（图4-32）。果实扁平形，果个均匀，平均单果重255 g，大果重350 g。果顶凹入，个别果实果顶有裂缝，缝合线浅，果面1/3～1/2着紫红色晕，绒毛薄，果皮底色黄白，中厚，不能剥离。果肉黄白色，近核处少红，硬溶质，硬度高，多汁，完熟粉质化，纤维少，风味甜，离核，有个别裂核现象。花芽形成好，复花芽多，花蔷薇形，花粉多。可溶性固形物含量为13.1%。在北京地区9月中下旬果实成熟，果实发育期160 d，丰产。

图4-32　'瑞蟠20号'

九、'瑞蟠21号'

'瑞蟠21号'为极晚熟大果形蟠桃（图4-33）。果实扁平形，果个均匀，平均单果重236 g，大果重294 g。果顶凹入，基本不裂，缝合线浅，果面1/3～1/2着紫红色晕，绒毛薄，果皮底色黄白，中厚，难剥离。果肉黄白色，远离缝合线一端果肉较厚，近核处红色，硬溶质，较硬，多汁，纤维少，风味甜，黏核。有花粉。可溶性固形物含量为13.5%。在北京地区9月下旬果实成熟，果实发育期166 d。

图4-33　'瑞蟠21号'

十、'瑞蟠22号'

'瑞蟠22号'为中熟蟠桃（图4-34）。果实扁平形，果个均匀，平均单果重182 g，大果重197 g。果顶微裂，果面近全面红色，果皮不能剥离。果肉白色，硬溶质，硬度较高，多汁，纤维细而少，风味甜，有淡香味，黏核。花蔷薇形，无花粉。可溶性固形物含量为13%。在北京地区8月上旬果实成熟，果实发育期112 d。

图4-34　'瑞蟠22号'

第四节　黄桃品种

一、'金童5号'

'金童5号'原产美国，中熟品种，果近圆形，平均单果重158.3 g。果顶圆或有小突尖，果皮黄，果皮下和近核处均无红晕。果肉橙黄，不溶质，细韧，汁液中等，纤维少，风味酸甜，有香气，黏核。罐藏加工吨耗1：0.87，最宜加工出口罐头。7月中下旬果实成熟，丰产性好。

二、'金童6号'

'金童6号'原产美国，中熟品种，果近圆形，平均单果重160 g。果顶圆，果面有暗红色晕。果肉橙黄，不溶质，肉质细韧，风味酸甜适中，黏核。罐藏加工吨耗1：0.923，耐煮。加工性能优良的中熟品种，8月上中旬果实成熟，丰产性好。

三、'金童7号'

'金童7号'美国育，中晚熟品种，果近圆形，平均单果重178 g。果顶圆或有小突尖，果皮底色黄。果肉橙黄，肉质细韧，汁较少，纤维少，风味酸多甜少，香气中等，耐贮运，黏核。罐藏吨耗率为1：0.95，加工性能优良，8月中下旬果实成熟，丰产性好。

四、'金童9号'

'金童9号'原产美国，晚熟品种，果圆，平均单果重160 g。果顶平圆，缝合线中深而明显，两半部对称，果面阳面有红晕，绒毛多，果皮橙黄，皮厚，不易剥离。果肉橙黄，不溶质，肉质细韧，汁少，风味酸甜，有香气，黏核。加工性能优良，9月初果实成熟。

第五章 桃树节水技术

水分对整个树体的生命活动起决定性的作用，合理供水是桃树丰产优质的基本保证。在干旱地区，桃树的产量直接取决于水分的供应状况；在湿润地区，季节性降雨及不合理的用水常造成涝害。明确桃树的水分需求，因地适时适量的供水是桃园水分管理的核心。

第一节 水分在桃树生长中的生理作用

一、水分是桃树的重要组成部分

在植物细胞中，与结构有关的纤维素、半纤维素、木质素等各种化合物中都有水分。叶片、枝条、根的含水量均为50%左右，新鲜桃果的含水量高达87%。果实是和叶片争夺水分最突出的器官，在缺水条件下，根系吸收的水分优先供应叶片蒸腾，导致果实处于缺水状态，影响果品的产量和品质。如严重缺水，叶片就从果实中夺取水分，使果实体积缩小、裂果，甚至脱落。

二、水分是桃树生命活动的重要原料和因素

桃树体内的许多代谢活动，例如：光合作用、呼吸作用和蒸腾作用，都有水的参与。水分是桃树光合作用的重要原料，也是运送光合作用制造的碳水化合物的主要载体；水分也是桃树进行蒸腾作用的必需原料，蒸腾作用促进水分在体内向上运输，促进根系吸收水分和营养物质，从而保证树体内各生命活动对水分和养分的需要，使树体内营养物质的分布达到均衡。当干旱时，如果树体尚未达到萎蔫，桃树的光合作用和蒸腾作用将减少40%，如果树体已经凋萎，则这两种作用可减少90%。

三、水分是桃树重要的溶剂和生命介质

桃树的矿质营养主要是根通过土壤溶液吸收的，土壤水分状况影响着矿质养分的供应动力。桃树体内的各种生化过程也都是在水溶液中进行的。作为生命存在的最好介质和环境，水不仅是桃树许多代谢过程的积极参与者，也是其细胞代谢的条件。

四、水分是桃树树体体温的最佳调节者

由于水具有最大的比热和较高的汽

化热与融解热，当桃树树体内和周围环境中具有充足的水分时，树体温度不易因外界气温的激增和骤降而剧烈变化。当树体周围环境中有水存在时，温度变幅也较小，对于桃树适应不良环境条件也是十分有利的。同时，蒸腾作用从叶面的气孔蒸发掉大量的水分，也带走了部分热量，从而可以调节树体体温，使叶片和果实不致因阳光强烈的照射而引起日烧。

五、水分是调节桃树树体生育环境的重要因素

在干旱的土壤上灌水，可改善微生物的生活状况，促进土壤有机质的分解。在高温季节灌溉，除降低土温外，还可降低气温，同时提高空气湿度。冬季土壤干旱，易引起或加重桃树的冻害，实行冬灌，可提高土温并满足桃树轻微蒸腾作用的需要，从而减轻或避免冻害。

因此，水分是桃树生长的重要因子，桃树体内各种重要的生理活动都是在水的参与下才能正常进行。水分过多或者不足，都会影响桃树当年的产量和品质，也会影响来年果树的结果状态，甚至还会影响到桃树的寿命，缩短结果年限。

第二节 水分与桃树的关系

一、水分与桃树营养的关系

桃树生长过程对缺水敏感。在土壤空气有保证的条件下，水分供应充足（田间持水量的 60% ~ 80%），枝叶伸长迅速，因为细胞的伸长主要是由膨压的改变所引起的，而水分的变化能迅速改变膨压，旺盛的细胞分裂也需要较多的水分供应，在适宜的水分条件下，土壤通气状况良好，根系发育正常，活性强，能有效地利用土壤水分和养分。早春水分适宜的情况下，可促进桃树萌芽、展叶和迅速扩大叶面积，提高光合效率，也有利于开花、坐果和果实发育。晚秋土壤水分适宜，可防止叶片早衰早落，延长叶片寿命和光合作用时间。干旱年份桃树生长后期适量灌水，可使树体贮藏养分积累水平提高，有利于早春萌芽、开花和果实发育，桃树体内各种运输过程都可正常进行。

二、水分与花芽分化和果实发育的关系

在桃树花芽形成期，所要求的土壤水分含量要比生长时期所需的低（一般为土壤田间持水量的 60% 左右）。旺盛的营养生长如适度受限，会有利于光合产物的累积和花芽分化。水分过多，新梢持续生长，不利于花芽分化。果实在其发育期内含水绝对值直线上升，相对量比较稳定（80% 左右），因此，保证水分供应是果实增大和丰产的必要条件。特别是细胞增大阶段，水分不足而且持续时间长，就会明显影响果实的大小和产量。

三、水分与桃树果实品质的关系

适度干旱利于桃树果实着色，但过旱的情况下，灌水后着色会过于鲜艳。

只有水分适宜时才利于光合作用进行，而使色素发育良好。桃树果实大且水分多，果肉细胞体积大，果肉硬度低，干旱年份或旱地的果实比灌溉地的果实硬度大。大多数研究者认为随桃园灌水量，特别是临近成熟期灌水量的增加会使果实品质下降。糖酸比也以灌水少的桃园为高，果实风味好，可溶性固形物及淀粉的变化趋势相同。水分过多与干旱，均不利于优质桃果的生产。此外，适量灌溉的情况下，桃树生理病害较少，大小年现象减轻。

四、水分与桃树激素平衡的关系

桃树树体有关的生长发育过程都受激素平衡的调节。不同的水分条件可以改变桃树树体内激素的平衡，从而影响其生长发育过程。早春适量增加土壤水分，可增加生长素、赤霉素及细胞分裂素的含量，降低脱落酸和乙烯的含量，有利于新梢生长及叶片发育。在花芽分化临界期适度控制水分，可抑制赤霉素、生长素的生物合成，并抑制淀粉酶的产生，增加脱落酸及氨基酸的含量，有利于光合产物的累积及花芽分化。

第三节 桃树灌溉原则、时期及方法

一、灌溉原则

桃树是抗旱力强的果树。无论幼树或结果树，各器官和组织的含水量都是不平衡的。一般是处于生长最活跃的器官或组织中的水分含量较多。桃树灌水应该在桃树未受到缺水影响以前进行，而不要等到桃树已从形态上显露出缺水时才进行灌溉。如果等果实出现皱缩、叶片发生卷曲等才进行灌溉，将对桃树的生长和结果造成不可弥补的损失。

桃树的灌水量依品种、砧木特性、树龄大小以及土质、气候条件的不同而有所不同。幼树应少灌水，结果树可多灌水。沙地桃园，宜小水多灌。盐碱地桃园灌水应注意地下水位，以防止返盐、返碱。一般成龄桃树一次最适宜的灌水量以水分完全湿润果树根系范围内的土层为宜。在采用节水灌溉方法的条件下，要达到的灌溉深度为 40 ~ 50 cm，水源充足时可达 80 ~ 100 cm。桃的耐旱性强，但不耐湿，因此要防止土壤过湿，一般不需灌水，如遇山地较干旱，可在果实膨大期针对实际情况灌水 1 ~ 2 次，在雨季注意清理排水沟，大雨后注意中耕松土，增强土壤通透性，以满足根系生长需氧量大的要求。过量灌溉和灌溉不足对桃园的影响见表 5-1。

二、灌溉时期及用量

桃树在各个物候期对水分的要求不同，需水量也不同。确定桃树的灌水时间，应主要根据桃树在生长期内各个物候期的需水要求及当时的土壤含水量而定。桃树一般应抓好以下 4 个时期的灌水。

(一) 花前水

花前水又称催芽水，在桃树发芽前

表 5-1　过量灌溉和灌溉不足对桃园的影响

过量灌溉	灌溉不足
破坏土壤结构	降低养分吸收
降低渗透量	热应力和灼伤
死根	叶片脱落
增加土壤病原体的感染性	早熟
土壤酸度增加	不利于开花和坐果
养分和阳离子流失	果实品质降低
降低果实品质	低产

后到开花前期，若土壤中有充足的水分，可促进新梢的生长，增大叶片面积，为丰产打下基础。因此，在春旱地区，花前灌水能有效促进桃树萌芽、开花、新梢叶片生长，以及提高坐果率。一般可在萌芽前后进行灌水，若提前早灌则效果更好。在我国北方地区，桃园花前一般不需要灌水，这样有利于提高春季地温和土壤含水量，增强根系活动量和提高坐果率，若土壤干旱缺水可巧灌小水。如在株行距为 3 m×4 m 的果园，可在株距和行距中间开沟灌水，每亩灌水量控制在 20～30 m²，水渗透后及时覆土平沟。

（二）花后水

花后水又称催梢水。桃树新梢生长和幼果膨大期是桃树的需水临界期，此时期桃树的生理机能最旺盛。若土壤水分不足，会致使幼果皱缩和脱落，并影响根的吸收功能，减缓桃树生长，产量明显降低。因此，这一时期若遇干旱，应及时进行灌溉，一般可在落花后 15 d 至生理落果前进行灌水。在北方地区桃园应适当灌水（灌水量控制在 30 m³/亩），

这样有利于硬核后果实第二次迅速生长（果个增大）。

（三）花芽分化水

花芽分化水又称成花保果水。此时正值果实迅速膨大期及花芽大量分化期，应及时灌水。桃果实体积的 66% 是在桃果成熟前 30 d 生长的。此时期也是需水临界期，因为此时期的蒸腾作用很强烈。一般桃果实着色初期到采收 7～10 d，需水较多，缺水对产量影响较大，但也不宜大水漫灌。一般北方地区采用树盘内灌水。若灌水过量（漫灌）则会导致果实风味变淡，油桃品种会加重裂果，品质下降。

（四）休眠期灌水

休眠期灌水，即冬灌。一般在土壤结冻前进行，可起到防旱御寒作用，且有利于花芽发育，促使肥料分解，并有利于桃树翌年春天生长。

（五）灌水次数及灌水定额

桃树在各个物候期内的灌水次数主

要取决于各个时期的降水量和土壤的水分状况。一般年份，上述各个灌水时期通常灌水 1 次即可满足桃树该时期的需水要求。除这些时期外，当果园土壤含水量降低到田间持水量的 50% 时，也必须及时进行灌水。在干旱地区，水资源不足时，一定要保证桃树的需水临界期灌溉，此时灌水的水分利用率最高。灌冬水最好在落叶前后（即 10 月），亩灌水量为 60 m³ 左右。

三、灌溉方法

在经济条件较好的地方，可采用喷灌、滴灌，但对大多数地方，仍然采用地面灌水技术。传统的桃树地面灌溉一般有坑灌、格田灌溉等，节水型灌水方法主要有环灌、沟灌、穴灌等。

（一）坑灌

坑灌是在每棵桃树周围，用田埂围成圆形和方形坑，从输水沟引水灌溉，方法简单，但土壤水分仅湿润树根部土壤，土壤板结，灌水效率不高。

（二）分区灌溉

分区灌溉是将果园以树为单元用土埂分隔成方形的小区引水灌溉，该方法具有湿润范围大、灌水均匀的优点，但用水量大，易造成土壤板结。

（三）移动式小孔灌溉

在经济条件较好的地方可采用移动式小孔灌溉法，它是在管径为 25 ～ 50 mm 的塑料管上按果树的株距打孔，灌水时将管铺设到田间，喷水灌溉，可以省去开沟引水，节省劳力，也便于机械化耕作。

（四）穴灌

穴灌是在树冠外围的不同方向，挖直径 30 cm 左右、深 40 ～ 60 cm 的穴进行灌溉，穴灌的方法是：穴以不伤粗根为宜，穴的个数根据树冠大小而定，一般为 4 ～ 12 个，灌后将土还原，此法灌水经济，当与软管输水结合使用时，更能显示出其优势；且该法湿润根系范围宽而均匀，不会造成土壤板结。

（五）塑料袋穴渗灌

塑料袋穴渗灌是用直径 3 cm、长 10 ～ 15 cm 的塑料管，一端插入容量为 3 035 kg 的塑料袋（可用旧化肥袋代替）中 1.5 ～ 2 cm，并用细铁丝绑扎固定，另一端削成马蹄形，并适当用火烘烤，留出直径 1.5 ～ 2 mm 的小孔，以控制出水量为 2 kg/h 左右（110 ～ 120 滴/min）为宜。在树冠投影地面上挖 3 ～ 5 个深 20 cm、倾斜度 25° 的浅坑，把塑料袋倾斜放入坑中，需注意要先把塑料管埋入 30 ～ 40 cm 以下的土壤中，把水（或水肥混合液，如 0.03% 的尿素）从管中渗出灌溉果园，这样水肥从穴中渗出，灌溉效率更高。

第四节　桃园土壤含水量的测定和表示方法

准确测定土壤含水量对指导农业生

产和进行土壤水的研究有重要意义，土壤含水量的测定方法很多，归纳起来有以下几类：

一、烘干法

在 105 ～ 110℃的温度下用烘箱烘干土称重，在不具备此条件时，也可采用酒精燃烧失水计算土壤含水量。计算公式如下：

$$\theta = \frac{m_{湿} - m_{干}}{m_{干}} \times 100\%$$

式中　θ——土壤重量含水量 /%；

　　　$m_{湿}$——湿土重 /g；

　　　$m_{干}$——干土重 /g。

二、手摸"感觉"法

在野外条件不具备的地方，可以基于土壤的质地，根据手摸感觉土壤湿度和可塑性。用螺丝钻取不同深度的土壤样品，测定土壤湿度，相关经验总结参见表 5-2。对于果树来说，土壤湿度不应该低于 50%。虽然这种方法可以使用，但不够精确，而且在岩石地带很难进行，需要很大的努力和很多技巧。

三、张力计方法

张力计可用于检测土壤保持水分的能力，是目前在田间应用较广的水分检测设备。张力计的基本组成包括：1 个多孔陶瓷头、1 个塑料管和 1 个真空表（图 5-1）。陶瓷头的安装应使之与土壤处于良好的水分接触状态，使土壤中的水分可以根据张力情况自由进出张力计，张力计里面的真空与土壤水分张力平衡，这样读数表可直接读取张力计真空压力，即土壤张力。将张力计置于土

表 5-2　野外手摸"感觉法"测定土壤含水量的经验

土质	干	稍润	潮	润	湿
砂性土（砂土、砂壤土、轻壤土）	无湿的感觉，干块可成单粒，土壤含水量约 3%	微有湿的感觉，干多湿少，土块一触即散，土壤含水量约 10%	有湿的感觉，成块滚动不散，土壤含水量约 15%	手触可留下湿的痕迹，可捏成较坚固的团块，土壤含水量约 20%	黏手，手捏时有渍水现象，可勉强搓成球条，土壤含水量约 25%
壤土	无湿的感觉，土壤含水量约 4%	有湿的感觉，土壤含水量约 10%	有湿的感觉，手指可搓成薄片状，土壤含水量约 15%	有可塑性能，易成球条，土壤含水量约 25%	黏手，如同糨糊状，可勉强成团块状，土壤含水量约 30%
黏性土（轻黏土、中黏土、重黏土）	无湿的感觉，土块坚硬，土壤含水量为 5% ～ 10%	微有湿的感觉，土块用力捏碎时，手指感到痛，土壤含水量为 10% ～ 25%	有湿的感觉，手指可搓成薄片，土壤含水量为 15% ～ 20%	有可塑性，能成球条（粗面有裂缝，细面成节），土壤含水量为 25% ～ 30%	黏手，可搓成弄得好很好的球条及细条（无裂缝）土壤含水量为 35% ～ 40%

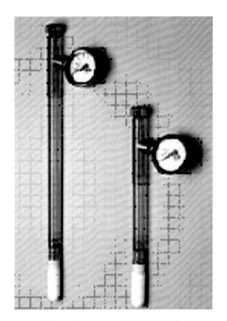

图 5-1　2710AR 型张力计

壤之前需要事先钻孔。张力计有多种型号和尺寸，不仅适用于普通土壤，也适用于填充堆肥或其他有机和无机基质层。

（一）张力计的工作原理

张力计测量的是土壤的水势（或叫水分张力），是一个强度量，而非土壤水分的实际含量。张力计使用时，先在贮水管内装满水并密封，然后将陶瓷头埋入土壤。当土壤干燥时，土壤的水势低于贮水管的水势（水势为 0），贮水管内的水通过陶瓷管进入土壤，从而产生一定体积的真空，形成负压。水被吸出得越多，真空体积越大，负压越大，形成的负压通过与贮水管连通的压力表以数值显示。土壤越干燥，负压值越高；反之，当土壤变得湿润时（灌溉或降雨），土壤水分进入贮水管，贮水管的负压减小，压力表回零。应用土壤水分

特征曲线可以将某一特定土壤的水分张力直接转化为水分含量，利用压力表读数直接换算。

（二）张力计的使用方法

（1）按照说明书连接好各个配件，特别是各连接口的密封圈一定要放正，保证不漏气、漏水。所有连接口处勿旋太紧，以防接口处开裂。

（2）选择土壤质地有代表性且比较均匀的地点埋设张力计，用比张力计管径略大的土钻先在选定的点位钻孔，钻孔深度依张力计埋设的深度而定。

（3）将张力计贮水管内装满水（对正规的试验观测，建议用去离子水，用前烧开沸腾，冷却后使用。对生产而言，普通的水即可），旋紧盖子。加水时要慢，若出现气泡，必须将气泡驱除。为加水方便，建议用注射针筒或带尖头出水口的洗瓶加水。

（4）用现场土壤与水和成稀泥，填塞刚钻好的孔隙，将张力计垂直插入孔中，上下提张力计数次，直到陶瓷头与稀泥密切接触为止，张力计的陶瓷头必须和土壤密切接触，否则张力计将不起作用（图 5-2）。

（5）待张力计内水分与土壤水分达到平衡后即可读数（不同土壤质地和水分状况达到平衡的时间存在差异，通常都有几小时之久）。张力计一旦埋设，不能再受外力触碰，对于长期观察的张力计，应设置保护装置（如围砖头等），以免田间作业时被碰坏。

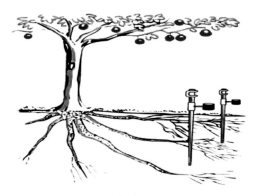

图 5-2 张力计安装示意图

当土壤过干时，会将贮水管的水全部吸干，使管内进入空气。由于贮水管是透明的，为防止水被吸干而疏忽观察，加水时可加入少量染料，便于观察。

张力计对一般土壤而言可以满足水分监测的需要，但对砂土、过分黏重的土壤和盐土，张力计不能发挥作用。砂土因孔隙太大，土壤与陶瓷头无法紧密接触，形成不了水膜，故无法显示真实数值。过分黏重的土壤中微细的黏粒会将陶瓷头的微孔堵塞，使水分无法进入陶瓷头。盐碱土因含有较多盐分，渗透势在总水势中占的比重越来越大，用张力计监测的水分含量可能会比实际值要低。当土壤中渗透势绝对值大于 20 kPa 时，必须考虑渗透势的影响。

第五节 节水技术

中国是世界上发展农田灌溉最早的国家之一。秦汉之前对农田灌溉称为"浸"，到汉代有称"溉"或"灌"的，西汉时"灌浸"和"溉灌""灌溉"并用。唐以后习惯用"灌溉"一词，并沿用至今。节水灌溉就是指以较少的灌溉水量取得较好的生产效益和经济效益。

桃树节水技术可以分为：农艺节水和工程节水。

一、农艺节水

1. 实施测土配方施肥

测土配方施肥是以土壤测试和田间试验为基础，根据桃树需肥规律、土壤供肥性能、肥料效应等，来调节和解决桃树需肥与土壤供肥之间的矛盾，有针对性的补充桃树所需营养元素，实现各种养分的平衡供应，满足桃树肥料需求。如果在桃树的种植过程中采取测土配方施肥，就可不断减少化肥使用量，减少土壤面源污染；不断增加有机肥，改善土壤结构，培肥土壤地力；提高桃树产量和品质。水、肥是桃树生长不可缺少的两大主要因素，二者相互制约、相互促进。化肥与有机肥结合、大量元素与微量元素结合、底肥与追肥结合等即为科学施肥。这些结合不仅能够提高土壤有机质含量，增强土壤蓄水能力，还能达到以肥调水、有效利用土壤水分的目的。

2. 精细整地和蓄水保墒

精细整地和蓄水保墒是保证桃树丰收的关键。因此，在前一年桃树收获后，要及时做好精细整地和蓄水保墒工作。保墒方法是：由大水漫灌改为小单元灌溉，由 2 000 m² 为 1 个灌溉单元改为 350 m² 为 1 个灌溉单元。这样可以有效减少灌水中的渗漏量，达到节水目的。

3. 推广使用抗旱保水剂

抗旱保水剂被人们称为微型水库，是一种三维网状结构的有机高分子聚合物，可将土壤中的雨水迅速吸收并保存，变为固态水而不流动、不渗失，长期保持恒湿，天旱时会缓慢释放供给桃树利用。抗旱保水剂特有的吸水、储水、保水的性能，在果树种植、园林绿化等抗旱中显现出较大威力，是全世界公认的抗旱保墒最有效的微水灌溉用品，可以节省大量的灌溉用水和浇灌养护劳动力。

4. 地膜覆盖

地膜覆盖可使蒸发的水分在膜内形成水珠后再落入地浇灌作物和湿润土壤，从而减少土壤水分损失；还可保蓄土壤水分，提高土壤水分利用率；同时也可提高地温，促进桃树正常生长发育。据测量统计证明：推广垄膜沟灌技术，可有效利用自然降水，减少灌溉水量，每亩可节水 95 m^3。

5. 土壤深松

土壤深松是保护性耕作的重要技术环节之一。用土壤深松机将土壤深松到 40 cm 左右，达到上虚下实。土壤深松后表面耕作层（15 cm 以上）的土壤被松碎，深处犁底层形成通气、蓄水的鼠道，下雨时，雨水通过土壤虚部渗入鼠道，鼠道即形成田间自然地下水库。鼠道中的水冬暖夏凉，能为桃树生长发育创造适宜的土壤环境，也为桃树抗旱夺取丰收打下坚实的基础。

6. 秸秆粉碎还田

大力推广秸秆粉碎还田技术，可使土壤中的微生物增加 18.9%，接触酶活性增加 33%，转化酶活性增加 47%，尿酶活性增加 17%，土壤容重降低 1.5 g/cm^3，孔隙度增加 5%，含水量增加 1.5%；同时可增加土壤中水、肥、气、热的协调能力，提高土壤保水能力，延迟桃树灌水周期，减少桃树灌水量。

7. 坡地综合治理

（1）将坡地改造成水平等高台地，实行水平等高耕作，使土壤有效积蓄雨水，减少水土流失。

（2）桃树在水平台地上采取垄上种植。沟底或穴内可积蓄雨水，减少雨水地表径流，待桃树生长时，结合追肥培土，进行保墒操作。

（3）在台地路边、沟边种植果树，梯岸梯壁种植牧草，不但可以发展农业经济，还可提高耕地土壤水源涵养率。

二、工程节水

1. 泵站改造

泵站灌水是通过动力机的机械能转变为所抽送水的水力能，将水扬至高处田间或远处田间。我国 2/3 以上的国土为丘陵山区，地形复杂，许多地方田高水低，要解决高处田间灌水问题，必须利用技术完好的机电灌溉工程进行提水灌溉。特殊的自然条件决定了机电排灌在我国农田灌溉中占有重要的地位和作用。所以，要加大泵站改造力度，提高泵站机电设备技术完好率和泵站抽水能力，随时迎接干旱的到来，为作物抽水抗旱做好充分准备。泵站灌水与渠道输水相比，具有水位高、速度快、节省水等优点。

2. 渠道防渗

渠道输水是目前我国农田灌溉的主要输水方式。传统的土渠输水利用系数为 0.4 ~ 0.5，较差的只有 0.3 左右，也就是说大部分水会因渗漏和蒸发而损失掉。渠道渗漏是农田灌溉用水损失的主要原因，应该及时对渠道进行防渗处理，才能提高渠道输水效果。据测算统计证明：对渠道进行混凝土防渗改造后，可使渠道水利用系数提高到 0.6 ~ 0.9，比原来的土渠提高 65% 左右。渠道输水具有输水快、有利于农业生产抢季节等优点，是当前我国节水灌溉的主要措施之一。

3. 管道输水

管道输水是利用水管将水直接送到田间灌溉，减少水在明渠输送过程中的渗漏和蒸发损失。在一些发达国家的灌溉输水中，早已大量采用管道输水。常用的管材有：混凝土管、塑料硬（软）管及金属管等。管道输水与渠道输水相比，具有输水迅速、节水、省地、增产等优点，水的利用系数可提高到 95%，节电 25%、省地 2.5%、增产 10%。在我国有条件的地方应结合实际大力发展管道输水，不断推动现代农业可持续发展。

4. 节水灌溉

（1）滴灌。滴灌是利用塑料管道将水通过直径约 10 mm 毛管上的孔口或滴头，把水送到作物根部进行局部灌溉的方法。主要用于林苗、林果、蔬菜等灌溉。它是目前我国干旱缺水地区最有效的一种节水灌溉方式。滴灌具有省水、润湿作物根部附近土壤、滴水流量小、不发生地表径流、不深层渗漏等优点，水的利用率可达 95%，能适时适量按作物生长需求供水；能节能，滴水器在低压条件下运行，工作压力为 5 ~ 15 m 水头*（0.5 ~ 1.5 kg）即可；灌溉均匀度很高，与其他微灌形式相比，能耗较低；同时可以结合施肥，能够提高肥效 1 倍以上。

滴灌分为固定式、半固定式、移动式 3 种。固定式滴灌，即各级管道和滴头的位置在灌溉季节是固定的，优点是操作简便、省工、省时，灌水效果好。半固定式滴灌，即各干管、支管是固定的，毛管由人工移动。移动式滴灌，各干管、支管、毛管均由人工移动。设备简单，与半固定式滴灌相比，可节省投资。结合我国劳动力多、资金紧缺的情况，现研究开发的半固定式、移动式滴灌系统，不仅降低了工程造价，还大大改进了传统的灌溉技术。

（2）喷灌。喷灌是利用管道将有压水送到灌溉地段，并通过喷头分散成细小水滴，均匀地喷洒到田间，对作物进行喷灌的方法。作为一种先进的机械化、半机械化灌水方式，喷灌已在很多发达国家广泛采用。其优点是：节水效果显著，水的利用率达 80%；有利于抢季节、保全苗、改善田间小气候和农业生态环境；可大大减少田间渠系建设和管理维护等工作量；减少农民用于灌水的费用

---

*任意断面处单位重量水的能量，等于比能（单位质量水的能量）除以重力加速度。含位置水头、压力水头和速度水头。单位为 m。

及劳动力；有利于加快实现农业机械化、产业化、现代化。常用的喷灌设备设置方式有管道式、平移式、中心支轴式、卷盘式和轻小型机组式。

（3）微灌。微灌是我国新发展起来的一种喷灌形式，它是一种利用塑料管道输水，通过微喷头喷洒对作物进行局部灌溉的方法。主要用于果树、花卉、草坪、温室大棚等较高经济作物的灌溉。整个管道输水，很少有沿程渗漏和水分蒸发损失，可以节约水资源。微灌能适时适量地按作物生长需要供水，能够有效地控制每个灌水器的出水量，灌水均匀度很高，比一般喷灌更省水；能够改善田间小气候；还可以结合施用化肥，提高肥料使用效率。

第六章　桃树施肥节肥技术

桃树施肥要根据桃树营养需求特点来选择肥料种类，然后计算肥料施用量，并在最佳的时期，选择合理的方式施用肥料。

第一节　土壤诊断

土壤诊断是对某一地块按规定方法进行取样，而后对样品进行规定项目的测定，并对测定结果进行土壤肥力状况分析，最终确定这一地块农化性状的技术手段。

一、土壤诊断的作用

（1）从土壤的物理、化学特性中提取有用的信息。首先是根据土壤中各营养元素的有效态浓度，可以推算土壤有效养分的数量，而土壤的物理结构特点则是施肥时影响肥料利用率的重要因素。

（2）土壤分析是营养诊断的基础，分析土壤内部农化特性可推知元素丰缺和地块肥力情况，根据缺素情况，从而可以有目的的只针对某些元素进行补充，而不必耗费过多的人力物力，起到事半功倍的作用。同时也可以做到提前预测。但是，大量的研究表明，土壤中元素含量与树体中元素含量间并没有明

显的相关关系，因而土壤分析并不能完全回答施多少肥的问题，所以它只有同其他试验方法相结合，才能发挥指导生产施肥的作用。

（3）土壤诊断可以准确了解各种养分在果园内的分布情况，揭示土壤肥力状况，果园经营者可以根据土壤诊断确定果园肥料投入量和施肥方式。

作为桃园来说，一般肥料投入比较稳定，年际间变化不大，土壤养分情况年际变化也很稳定。所以桃园取土测定次数不要太频繁，新果园第1年要求对土壤进行养分测定以决定下一步的养分管理情况。一般情况下果园可以每隔3～5年做1次土壤化验。

二、土壤样品的采集

土壤诊断作为常规方法其结果可信与否依赖于样品是否具有代表性，所以能够采集一个有代表性的土壤样品比准确的样品分析更加重要。正确选择采样方法则是决定样品代表性的关键，其包括采样时间的确定、采样点的取舍和采样工具的挑选。

（一）土壤采样时间的确定

果园土样的采集一般在桃采摘之后

和采后施肥之前。但是由于桃成熟期间隔较长,早熟桃在5月中下旬左右就开始上市了,而最晚熟在9—10月才陆续成熟,所以采样时间应根据桃树生长周期的实际情况灵活掌握。一般土样采集最佳时间是7月中旬至8月中旬。

单一品种桃园一般可以选择在收获后取土,但是早熟桃园由于在采摘后,还有很长一段时间在进行营养生长,所以土壤采集可以适当延后,但是应当在入秋施基肥前完成土样的采集,如果秋冬季不施基肥最晚应当在灌冻水前完成。观光桃园和多品种混杂的桃园根据经营情况,选择在入冬前经营淡季或最后一季收获完毕后取土。

对桃园的利用现在不仅仅是单纯的桃的生产,观光旅游、餐饮娱乐等都可能利用桃园开展,所以对桃园土样采集时间应综合考虑施肥、收获、经营等情况对最后采样的影响,对于除氮以外的绝大多数营养元素来说,土壤养分含量的变化很慢,所以样品的采集工作可以在方便的时候进行。

土壤样品的采集工作基本上应遵守2条原则:①采样应避开施肥位置,并与最近1次施肥有合理的时间间隔。②采样时期一旦确定,以后每年采样的时间应尽量在相同时间段,以便前后测试结果有可比性(管理方式发生重大变化时除外)。

(二)采样点的选择及采样

能够采集一个有代表性的土壤样品比准确的样品分析更加重要。小铁铲、

土钻等都可以用来进行土壤样品的采集。如果果园的局部地块存在特殊问题,必须在有问题的地块上单独采样,以及在桃树正常生长附近地块采集对照样品一起进行分析化验,找出存在的问题。在有条件的地方可以根据土壤图划定采样点所代表的区域。

桃树土样采集应在果树雨水线以内距基部1 m以外采集,没有明显的雨水线可以参照果树树冠在地面的正投影,在其正投影以内采集土样。采样深度应在0 ~ 40 cm,代表性样品是在一个采样区内不同地方所采集的几个分样品的混合样,取样后及时将样品送到具有检测资质的部门进行化验。分样的数量取决于采样地块的大小,一般地块,每亩需要采集7 ~ 10个分样,对于10亩以上地块来说,需要采集的分样品数至少20个。采样点以锯齿型或蛇型分布,采样时去掉果园表层2 cm的表土,采样方法是在确定的采样点上,用小土铲(如需测定微量元素改用木制工具)向下垂直切取土壤样品,然后将样品集中混匀,用土钻采集0 ~ 20 cm和20 ~ 40 cm的土壤,有些时候20 ~ 40 cm的土壤分析并不是非常重要,取决于实际情况的需要。风干后用四分法将多余样品弃去,保留1 kg左右的土样供分析化验。

取样点选择管理一致的区域,以便取得有代表性样品。取样路线呈"Z"字形,这样能缩小耕作、施肥等造成的差异,使最终测定结果与田块实际情况相符。取样应避开路边、田埂、堆肥区、石灰堆等对最终测定结果有影响的区域。

（三）土壤养分测定结果的应用及判断指标

土壤养分测定主要是对果园土壤的酸碱度及氮、磷、钾和镁等营养元素进行监测。经过农化实验室对样品的分析，其土壤分析结果可以揭示果园土壤的氮、磷、钾、钙、镁等营养元素的相对水平，在南方酸性土壤也可以据此推荐石灰施用量。土壤化验分析为施肥推荐提供了很好的依据。

土壤养分测定结果利用是十分重要的一环，应通过田间试验，与桃产量品质相联系从而分析田块养分分布情况对桃生产的影响，进而建立土壤养分指标对田块进行分等定级，由农技部门最终提出推荐施肥建议以对农民施肥进行科学指导。农业企业也可以通过对土壤养分情况收集建立区域土壤养分数据库，分析区域养分分布规律，根据养分平衡原理针对区域养分分布特点推出桃树专用肥，同时配套施肥手册等手段，简化农民施肥方式，提高肥料利用率。

第二节　桃树施肥的技术原理

桃树施肥主要采取养分平衡法，重点围绕氮、磷、钾养分供应来进行。推荐首先确定桃园的单位面积目标产量，经计算后获得目标养分吸收量。桃树养分吸收量的计算公式为：

桃树养分吸收量 = 桃的目标产量 × 单位桃产量的养分吸收量

桃的目标产量根据施肥区域实际调查的产量乘1.1倍获得，平谷区主要桃品种的实际产量见表6-1。

单位桃产量的养分吸收量根据平谷区多年大量实际测定值确定（表6-2）。

成龄桃树的养分吸收量见表6-3。

由于土壤类型及桃树的树龄、产

表6-1　不同品种、不同树龄桃的产量

单位：kg/亩

品种	品种类型	4～6年	7～14年	14～24年	>25年
'北京14号'	中熟	1 978	2 355	2 109	
'北京1号'	早熟	1 763	2 529		
'北京24号'	中晚熟	1 871	2 772	1 958	0
'北京26号'		1 220	3 305	3 753	4 537
'北京33号'	晚熟	2 833	2 688		
'碧霞蟠桃'	中熟	1 750	2 735	1 155	0
'黄桃'	中熟		2 372	3 583	4 000
'久保'	中晚熟	2 923	2 819	2 305	2 090
'绿化9号'	中晚熟	2 960	3 317	3 700	
其他		1 978	2 355	2 109	

表 6-2　不同成熟期品种吸收养分量

营养元素	早熟品种（鲜基）	中晚熟品种（鲜基）	目标产量/（kg/亩）	目标养分带走量/（kg/亩）	
				早熟品种	中晚熟品种
氮	0.21%	0.22%	4 296	9	9.5
磷	0.033%	0.037%	4 296	1.4	1.6
钾	0.24%	0.28%	4 296	10.3	12

资料来源：贾小红，贾清.桃园施肥灌溉新技术［M］.北京：化学工业出版社,2007.

表 6-3　成龄桃园树体的养分的吸收量

编号	产量水平/（kg/亩）	树体养分吸收量/（kg/亩）			来源
		氮	磷	钾	
1	1 300	5.9	2.4	9.5	姜远茂等，2002
2	1 500	7.7	3.0	10.0	
3	1 300	5.9	2.5	9.5	
4	1 600	5.7	1.3	5.4	王汪华，2001
5	1 700	3.9	1.0	2.3	
6		5.6	1.3	5.4	
7	800	9.6	1.5	8.7	
8	2 300	9.7	3.0	15.7	束怀瑞，1993
9	2 300	9.1	1.8	8.2	

量不同，桃树养分的吸收量差异很大，很难采用田间试验的方式来估算桃树养分的吸收量。综合国内外文献（表6-3），成龄桃园不同产量的氮、磷、钾养分吸收量分别是 N：3.9 ~ 9.7 kg/亩，P_2O_5：1 ~ 3 kg/亩，K_2O：2.2 ~ 15.7 kg/亩，各国各地区的氮、磷、钾养分建议用量为 N：6.7 ~ 13.3 kg/亩，P_2O_5：1.3 ~ 6.7 kg/亩，K_2O：3.3 ~ 16.7 kg/亩。

根据桃园土壤肥力评判的分级标准，分别确定土壤养分（如氮、磷、钾）

的供肥能力，然后根据目标产量带走的养分数量，按照平衡调控原则，选用不同的比例进行推荐。

根据桃园土壤综合指数或有机质含量确定土壤的总体肥力（高肥力、中肥力、低肥力），然后推荐有机肥用量。

根据桃园土壤碱解氮（或全氮）、速效磷、速效钾含量分别确定土壤的氮、磷、钾养分供应水平（高、中、低），然后根据目标产量带走的氮、磷、钾养分数量，按照相应的比例进行推荐氮、磷、钾肥的用量。

以确定施磷量为例：

如果土壤中磷养分供应缺乏（有效磷 < 30 mg/kg），磷肥施用量为果实带走量的 2 ~ 3 倍。

若土壤磷养分供应过剩（有效磷 > 60 mg/kg），建议补充果实带走的磷数量。

如果土壤磷养分供应适宜（60 > 有效磷 =30），补充果实带走的磷数量的 1.5 倍。

平谷地区的试验结果表明，在氮用量为 4.8 kg/亩的基础上，追施氮 10 kg/亩，桃树产量为 733 kg/亩时，果实品质达到最佳。根据土壤的养分含量，结合平谷地区的试验结果，以每棵树施用 10 kg 商品有机肥为基础，制订了桃园养分的推荐用量（表 6-4）。

根据结果树的营养特点和不同养分的特性，制订了相应的养分管理方案（表 6-5）。幼龄树施肥量一般为成年树的 10% ~ 30%，4 ~ 5 年生幼树为成年树的 40% ~ 50%，6 ~ 7 年生的树，要达到盛果期树的施肥量。桃树在周年中不同物候期对各营养元素的需要量各异。盛花期后的萌芽展叶期，桃树的养分需求以氮为主，4 月果实和枝条开始生长时，32% 的氮来自肥料，其中的 78% 分配到新生器官，超过 50% 被果实利用。果实生长期是氮的大量吸收期，因此，将氮按照萌芽前 30%、幼果期 40% 及养分回流期 30% 的比例分配；在果实生长中期和果实迅速膨大期以钾为主，因此将钾按照幼果期 30%，果实膨大期 40%，养分回流期 30% 的比例施

表 6-4　根据目标产量和土壤养分含量制定的养分推荐用量

单位：kg/亩

产量水平	土壤养分含量水平			养分推荐用量		
	碱解氮	速效磷	速效钾	氮	磷	钾
>2 000				10	4	10
1 333 ~ 2 000	=90	=60	=125	8	3	9
<1 333				8	2	8
>3 000				12	6	14
2 000 ~ 3 000	90 ~ 60	30 ~ 60	100 ~ 125	10	5	12
<2 000				8	4	10
>3 000				14	8	18
1 333 ~ 2 000	<60	<30	<100	12	7	16
<1 333				10	6	14

注：①贾小红，贾清.桃园施肥灌溉新技术［M］.北京：化学工业出版社，2007.
②各指标数值分级区间的分界点包含关系均为下（限）含上（限）不含，例如产量分级中，"1 333 ~ 2 000"表示"大于或等于 1 333，且小于 2 000 的区间值"。

表 6-5　不同时期化肥施用比例

养分	萌芽前期	幼果期	果实膨大期	养分回流期
氮	30%	40%	—	30%
磷	—	—	—	100%
钾	—	40%	40%	20%

用。磷的吸收在生长初期最少，花期以后逐渐增多，以后无多大变化。桃树的磷吸收量较少，又由于磷在土壤中稳定性较好，因此，将磷全部做基肥施用。微量元素与有机肥全部在秋季落叶前1个月施用，此处推荐的微量元素肥料均为土施，也可采取叶面喷肥补充微量元素，相应的施肥方法可参考各叶面肥使用指导。施肥时期的不同对桃树的生理作用、生长以及干物质积累均有重要影响。物候期标志桃树生命活动的强弱和吸收消耗营养的程度。幼树的基肥宜采用开沟土施，开沟的方法有环状、条状、放射状；根系中的根毛是桃树吸收营养的主要部位，因此将肥料施于根毛集中的区域，是提高肥效的重要措施之一。

微量元素也是作物生长必需的营养元素，但作物微量元素需求量不大，土壤自身微量元素一般能满足作物生长需要。但当土壤中微量元素低于作物生长临界值时，施用微肥也会有不同程度的增产作用。微肥的施用条件比较严格，供应不足会抑制作物生长，施用过量会污染土壤，且造成营养元素间的比例失调，因此，补施微肥要有针对性。微量元素养分综合管理的原则是缺什么，补什么，即当土壤中微量元素含量低于临界值时，可以作为基肥每隔2年施一次，北京地块土壤微量元素临界指标与微肥用量见表6-6。由于微肥用量少，可先将微肥掺到有机肥中混合均匀后，随着有机肥一同施入。对于粮食作物，如果不使用有机肥时，可采取微肥拌种使用，或选择含有微量元素的复混肥。

表 6-6　微肥合理用量

微量元素名称	土壤临界值	肥料种类	用量 /（kg/ 亩）
锌	1.0	硫酸锌	2.0
铜	0.2	硫酸铜	0.7 ~ 1.0
锰	100	硫酸锰	2.0
硼	0.25	硼砂	0.5
铁	4.5	硫酸亚铁	2.0
钼	0.15	钼酸铵	0.15

注：有效铁、锰、铜、锌均用 DTPA（二乙烯三胺五乙酸）浸提，有效硼采用热水浸提，用甲亚胺比色法测定。

第三节　肥料的选择

桃树所用肥料一般为三类，即有机肥料、化肥和微生物肥料。有机肥营养元素全面，但含量很低；化肥养分较为单一，但可以为树体供给大量营养；微生物肥料和有机肥都对土壤培肥、稳定供应桃树生长所需养分起着积极的作用。但在肥料选择的过程中应当注意的是：由于有些肥料之间存在相互作用，不能混用（如生理碱性肥料不能与有机肥或是含有铵态氮肥混用）；有些肥料甚至存在质量、健康问题（如有机肥在腐熟不完全时，肥效不仅不好还可能带来虫卵和病菌），不能盲目地施用。正确的肥料选择，有助于提高肥料的利用率，节约成本，同时还有利于桃树生长。

一、有机肥料

有机肥料包括人粪尿、厩肥、堆肥、灰肥等农家肥料。这类肥料营养全面，肥效持久，是土壤微生物繁殖活动取得能量和养分的主要来源。

（一）有机肥的作用

可提高土壤空隙度，疏松土壤，加速土肥融合，改善土壤中水、肥、气、热状况，提高土壤肥力。有机肥在分解过程中还能产生多种有机酸，使难溶性养分转化为可溶性养分，提高养分的有效性和可吸收性。

（二）有机肥料的种类与分类

有机肥料的来源广泛，几乎一切含有有机质，并能提供养分的物料均可以加工成为有机肥料。因此，有机肥料的种类繁多。长期以来，广大农民加工使用有机肥料，随之出现许多有机肥料的名称，并形成许多有机肥料分类方法，但全国还没有一个统一的有机肥料分类标准。1990年农业部在全国11个省（区）广泛开展有机肥料调查的基础上，根据有机肥料的资源特性和积制方法，把全国有机肥料归纳为：粪尿类、堆沤肥类、秸秆肥类、绿肥类、土杂肥类、饼肥类、海肥类、腐殖酸类、农业城镇废弃物、沼气肥等十大类，并收集了433个肥料品种，实际上生产实践中有机肥料的品种远不止这些，在某些地区，可能某种或某几种类为主要的有机肥料，而其他有机肥料种类很少见到，这与当地有机肥料资源的分布有关。

（三）桃园有机肥料施用方法

1. 有机肥料作基肥

（1）全层施用。在翻地时，将有机肥料撒到地表，随着翻地将肥料全面施入土壤表层，然后耕入土中。这种施肥方法简单、省力，肥料使用均匀。

这种方法的优点很明显，但同时也存在很多缺陷。首先，肥料利用率低，由于采取在整个田间进行全面撒施，所以一般施用量都较多，但根系能吸收利用的只是根系周围的肥料，而施在根系不能到达部位的肥料则白白流失掉。其次，容易产生土壤障碍，大量施肥容易造成磷、钾养分的富集，造成土壤养分的不平衡；在肥料流动性小的地方，大量施肥还会造成土壤盐浓度的增高。

该施肥方法适宜于：种植密度较大的桃园。

（2）集中施用。除了使用量大的粗杂有机肥料外，养分含量高的商品有机肥料一般采取在定植穴内施用或挖沟施用的方法，将其集中施在根系伸展部位，可充分发挥其肥效。集中施用并不是离定植穴越近越好，最好是根据有机肥料的质量情况和桃树根系生长情况，采取离定植穴一定距离作为施肥区。在施用有机肥料的位置，通气性变好，根系伸展良好，还能使根系有效地吸收养分。

从肥效上看，集中施用特别对发挥磷酸盐养分的肥效最为有效。如果直接把磷酸养分施入土壤，有机肥料中速效态磷成分易被土壤固定，因而其肥效降低。在腐熟好的有机肥料中含有很多速效性磷酸盐成分，为了提高其肥效，有机肥料应集中施用，减少土壤对速效态磷的固定。

沟施、穴施的关键是把养分施在根系能够伸展的范围内。因此，集中施用时施肥位置很重要，施肥位置应根据桃树吸收肥料的变化情况而加以改变。最理想的施肥方法是，肥料不要接触桃树的根，距离根系有一定距离，这样桃树生长到一定程度后才能吸收利用。采用沟施和穴施，可在一定程度上减少肥施用量，但相对来说施肥用工投入增加。

2. 有机肥料作追肥

有机肥料不仅是理想的基肥，腐熟好的有机肥料含有大量速效养分，也可作追肥施用。人粪尿有机肥料养分主要以速效养分为主，作追肥更适宜。

追肥是作物生长期间的一种养分补充供给方式，一般适宜进行穴施或沟施。

有机肥料作追肥应注意以下事项：

有机肥料含有速效养分，但数量有限，大量缓效养分释放还需一个过程，所以有机肥料做追肥时，同化肥相比追肥时期应提前几天。

后期追肥的主要目的是为了满足作物生长过程对养分的极大需要，保证作物产量，有机肥料养分含量低，当有机肥料中缺乏某些成分时，可施用适当的单一化肥加以补充。

制定合理的基肥与追肥分配比例。气温低时，微生物活动小，有机肥料养分释放慢，可以把施用量的大部分作为基肥施用；而地温高时，微生物发酵强，如果基肥用量太多，定植前，肥料被微生物过度分解，定植后，立即发挥肥效，有时可能造成桃树徒长。

有机肥所含营养元素全面，能平衡地供给桃树营养，但因其营养元素含量低（常用有机肥养分含量见表6-7），分解缓慢，短时间内难以保证养分的充分供应。而化肥成分较单一，养分浓度高且速效性强，施入后有助于促进叶片的光合作用和增加树体贮存营养。所以秋季施肥时应以优质的有机肥为主，配合氮、磷、钾化肥和适量的微量元素（过磷酸钙、硼砂、硫酸亚铁、硫酸锌等）。有机肥应按照"斤果斤肥"的标准施

表 6-7 有机肥养分含量

单位：%

有机肥种类	鲜基			干基		
	氮	磷	钾	氮	磷	钾
鸡粪	1.03	0.95	0.86	2.14	2.01	1.83
猪粪	0.55	0.56	0.35	2.04	1.87	1.30
牛粪	0.38	0.22	0.28	1.56	0.88	1.08
羊粪	1.01	0.50	0.64	1.97	1.05	1.54
马粪	0.44	0.31	0.46	1.35	0.99	1.50
鸭粪	0.71	0.83	0.66	1.64	1.80	1.51
猪圈肥	0.38	0.36	0.36	0.93	1.01	1.14
牛栏粪	0.50	0.30	0.86	1.30	0.74	2.18
羊圈肥	0.78	0.35	0.89	1.26	0.62	1.60
堆肥	0.35	0.25	0.48	0.64	0.49	1.26
有机肥	0.69	0.56	0.54	1.78	1.43	1.46
厩肥	0.55	0.34	0.70	1.16	0.79	1.64

资料来源：全国农业技术推广服务中心.中国有机肥料养分志［M］.北京:中国农业出版社,1999.

入，氮肥应施入全年总量的 1/3、磷肥为全部、钾肥为 1/3 ~ 1/2。由于施肥量受树龄、树势、土壤质地、肥料利用率、天气等各种因素影响，在施肥中应掌握:盛果期树多施，幼龄树少施；弱树多施，旺树少施；瘠薄地多施，肥沃地少施；厩肥多施，禽粪、饼肥少施；雨水多的年份多施，干旱年份少施等原则。

研究表明，同等数量的有机肥料连年施用比隔年施用增产效果明显。从桃树生长发育对营养的需求来看，因营养的消耗是周期性的，故施肥也必须是周期性的，因而必须定期适时施肥，绝不能隔年施或隔几年再施。另外每年施入有机肥会伤一些细根，可起到修剪根系的作用，使之发出更多的新根。同时每年翻动 1 次土壤，也起到疏松土壤、加速土肥融合的作用、有利于土壤熟化。

桃园施用的有机肥必须经过腐熟发酵，这是因为肥料经过高温堆制发酵后，一方面可杀灭其中的有害生物，另一方面可提高养分的有效性。如果不经腐熟就施用，往往会将潜伏在有机肥中的病原菌、虫卵和杂草种子带进桃园土壤；其次未经腐熟的有机肥施入土壤后，要进行腐熟和分解，在分解过程中要放出大量热量，而马粪、羊粪、鸡粪的发酵热量是很高的，容易烧根；此外，进行分解作用的微生物，在繁殖过程中，还要吸收土壤中的氮肥，与桃树争水争肥，影响桃树根系的生长。

二、化肥

化肥是以矿物、空气、水等为原料

经过化学反应及机械加工制成的肥料，其特点是养分含量高、肥效快、施用和贮运方便，共分为5类：

1. 氮肥料

氮是作物体内蛋白质、叶绿素的重要成分。氮适量，可以促进桃树光合作用，使树体生长旺，叶色浓绿，花量大，坐果率高。因此，在桃树的整个生长期，都需要施用氮肥。

氮肥包括氨态氮肥、硝态氮肥和酰胺态氮肥3类（常用化学氮肥的性能和使用见表6-8）。

施用时应注意：铵盐、氨水和尿素均易溶于水。铵盐易与碱起反应，能释放出刺鼻的氨气。因此，在贮存和施用时，铵盐不要跟石灰、草木灰等碱性物质混合，否则会降低肥效。

2. 磷肥料

磷是细胞核的主要成分，磷肥能促进桃树花芽形成，提高坐果率，改善果实品质。还能促使桃树根系发达，增强抗旱、抗寒能力。

磷肥包括水溶性磷肥（过磷酸钙、重过磷酸钙），微溶性钙（钙、镁、磷肥）

表 6-8　几种常见氮肥的性能和使用

名称	化学式	外观	含氮 /%（约值）	主要性能	运输、贮藏使用的注意事项
硫酸铵	$(NH_4)_2SO_4$	白色或微黄色晶体	21	弱酸性，稳定，略吸潮	长期施用土壤会增加酸性，易板结
硝酸铵	NH_4NO_3	白色晶体	35	弱酸性，易分解，潮解结块，猛烈撞击会爆炸	①不能与易燃物混存，应放在阴凉处；②不能用铁锤砸；③是速效肥，作追肥用
碳酸氢铵	NH_4HCO_3	白色晶体	17	弱碱性，受潮湿易分解，受热分解更快	①要密封防潮，防暴晒，不易久存；②易沟施、盖土，及时灌溉，防跑肥
氯化铵	NH_4Cl	白色晶体	25	弱酸性，稳定，略吸潮	不适用烟草等忌氯作物
氨水	NH_3H_2O	液体	浓度为20%的氨水含氮15%	碱性，容易分解，有刺激性和腐蚀性	①密封存放阴凉处，不能用金属容器存放；②易沟施盖土或随水灌溉；③使用时要稀释，以防烧死作物
尿素	$CO(NH_2)_2$	白色或微黄色晶体	46	中性，略吸潮，比铵盐肥肥效缓慢，但持久，对土壤无不良影响	是肥效最高的氮肥，可做基肥，也可做追肥

及难溶性磷肥（钙镁磷肥）。几种常见磷肥的性能和使用方法见表6-9。

3. 钾肥料

增施钾肥料可加速二氧化碳的同化作用，增强光合效率，钾肥料还能促进糖分和淀粉的生成，有提高产量、品质和增强抗病能力的效果。

钾肥料主要有硫酸钾、氯化钾、草木灰等。钾肥大多易溶于水，肥效较快，易被吸收利用。几种常见钾肥的性能和使用方法见表6-10。

4. 复合肥料

单独施用氮肥、磷肥或钾肥，不能全面满足农作物生长发育的需要，肥效不高。因此，近年来注意发展复合肥料和微量元素肥料。复合肥料一般指含氮、磷、钾2种或3种，以及3种以上的主要营养元素的化肥，施用复合肥可发挥各元素之间的促进作用，提高利用率，同时还可针对某一树种、品种的不同生长时间的需要来改善树体的营养状况，增加品质。

常用的复合肥料有磷酸氢二铵 $[(NH_4)_2HPO_4]$，又名磷酸二铵，它与磷酸二氢铵（$NH_4H_2PO_4$）的混合物叫作安福粉。

5. 微量元素肥料（微肥）

桃树生长所需的微量元素，主要有

表6-9 几种常见磷肥的性能和使用方法

名称	主要成分	主要性能	使用注意事项
磷矿粉	$Ca_3(PO_4)_2$	难溶于水，能溶于酸，肥效缓慢	施于酸性土壤，作基肥
过磷酸钙	$Ca(H_2PO_4)_2$ 和 $CaSO_4$ 的混合物	能溶于水，又能与碱起反应生成难溶的磷酸钙，还可与酸性土壤中的 Fe^{3+}、Al^{3+} 起反应生成难溶的磷酸铁和磷酸铝，引起肥效降低	作基肥或种肥，一般做成颗粒状与农家肥混合施用，以减少与土壤接触的机会
重过磷酸钙	$Ca(H_2PO_4)_2$		

表6-10 几种常见钾肥的性能和使用方法

名称	主要成分	性能	使用注意事项
草木灰	碳酸钾（K_2CO_3）和少量钙、镁、磷化合物	碳酸钾易溶于水，呈碱性	①防止水淋，以免流失；②不得与铵盐混用
硫酸钾	K_2SO_4	白色晶体，易溶于水，吸湿性小，不结块	可用作基肥和追肥，多施会使土壤酸性增加，并板结，在酸性土壤中须配合石灰和农家肥施用
氯化钾	KCl	白色晶体，易溶于水，吸湿性小，但易结块	同上，烟草、甜菜、马铃薯等忌氯作物不要施用

硼、锰、铜、铁、锌、钼、镁、钙等。由于需用量很小，所以常跟氮、磷、钾肥按一定的比例混合施用。微肥是指含有一种或多种微量元素的肥料，微量元素在桃树的生长发育和优质高产中起非常重要的作用。当桃树缺少某种微量元素时易发生生理病害，又称缺素症，影响桃树的生长和果品质量。

三、微生物肥料

微生物肥料，又称为菌剂，即含有益微生物的接种剂。施用后，通过微生物的生命活动，能改善植物的营养状况，是一种新兴的无公害肥料。常用的有根瘤菌肥料，固氮菌肥料，磷细菌肥料及菌根真菌的接种剂等。微生物肥料还有一些其他肥料没有的特殊作用。

1.提高化肥利用率的作用

随着化肥的大量使用，其利用率不断降低已是众所周知的事实。这说明，仅靠大量增施化肥来提高作物产量其作用是有限的，此外还会产生污染环境等一系列的问题。为此各国科学家一直在努力探索提高化肥利用率达到平衡施肥、合理施肥以克服其弊端的途径。微生物肥料在这方面问题上有独到的作用。例如，微生物肥料中芽孢杆菌类的有益菌株在未施入前处于休眠状态，施入地里后，由于温度、水分都很适宜，这些有益菌就由休眠状态转而成为代谢状态，数量庞大的菌群在代谢过程中是需要食物的，而氮和碳则是其主要的营养源，也正是在微生物的这个代谢过程中，把施入的氮肥由离子团的形态转变为有机小分子的形态，从而大大减少了氮肥的流失。所以，根据种植作物种类和土壤条件，采用微生物肥料与化肥配合施用，既能保证增产，又减少了化肥使用量，降低成本，同时还能改善土壤及作物品质，减少污染。

2.在绿色农产品生产中的作用

随着人民生活水平的不断提高，尤其是人们对生活质量要求的提高，全球都在积极发展绿色农业（生态有机农业）来生产安全、无公害的绿色农产品。生产绿色农产品过程中要求不用或尽量少用（或限量使用）化肥、化学农药和其他化学物质。它要求肥料必须首先保护和促进施用对象生长和提高品质；其次不造成施用对象产生和积累有害物质；最后是对生态环境无不良影响。微生物肥料基本符合以上3个原则。

微生物肥料之所以是绿色投入品，是由其多功能特点和环境友好特性所决定的。微生物肥料具有提供或活化养分功能、产生促进作物生长活性物质的功能、促进有机物料腐熟功能、改善农产品品质功能、增强作物抗逆性功能、改良和修复土壤功能六方面的功能。《微生物肥料生产菌株质量评价通用技术要求》（NY/T 1847—2010）标准给予了规范性阐述。

微生物肥料的特点可以满足我国绿色农业发展的需要，这是由我国特定的国情所决定的：一是人多地少的可耕地资源短缺，导致可耕地的复种指数高，土壤得不到应有的休养和自我修复，耕地长期只用不养已威胁到其持续的生产能力；二是近几十年的农业生产中，化肥、农药、除草剂等农业投入品的不合理使用等问题，已造成了多种有毒有害物质的积累，破坏了土壤的物理结构，肥料利用率不高，作物病害频发，效益下降；三是土壤健康问题日渐严重，农产品质量安全问题日益突出。这些农业生产障碍，正好与微生物肥料的功能相吻合，也正是微生物肥料的特点和专长。从这个角度说，微生物肥料是实现我国农业绿色生产不可或缺的产品。

近年来，我国正在农业生产中推广使用具有特殊功能的菌种制成的多种微生物肥料，来缓和或减少农业生产对环境的污染，改善农产品的品质。

3. 在环保中的作用

利用微生物的特定功能分解发酵农牧业、食品工业的废弃物而制成微生物肥料是一条经济可行的有效途径。目前已应用的主要是两种方法，一是以食品工业的有机废弃物作为原料经微生物处理，再接种微生物由工厂直接加工成复合微生物肥料；二是工厂生产特制微生物肥料（菌种剂）供应于堆肥厂（场），再对各种农牧业物料进行堆制，以加快其发酵过程，缩短堆肥的周期，同时还可以提高堆肥质量及成熟度。另外还有将微生物肥料作为土壤净化剂施用。

微生物肥料在生态保护、农业废弃物资源利用和提高肥料利用率方面具有明显优势，可减少化肥、农药等农业投入品的使用。因此，研发和推广应用微生物肥料，可在实现"低投入、高产出、可持续发展"目标的同时，又改善了农产品品质，修复了农业生态环境。如近年来北京阿姆斯生物技术有限公司微生物腐熟菌剂的推广使用，就带来了明显的经济效益、生态效益和社会效益，在农业废弃物资源利用方面发挥着越来越重要的作用。通过微生物的分解、转化作用，可将大量的畜禽粪便、农作物秸秆等变废为宝，不但消纳了这些农业产生的废弃物资源对环境的压力，而且所生产的生物有机肥施入农田可减少部分化肥的施用，在节能减排方面发挥着独特的作用。

4. 改良土壤作用

微生物肥料中有益微生物能产生糖类物质，占土壤有机质的0.1%，与植物黏液，矿物颗粒和有机胶体结合在一起，可以改善土壤团粒结构，增强土壤的物理性能并减少土壤颗粒的损失，在一定的条件下，还能参与腐殖质形成，提高土壤肥力。土壤物理、化学性状的改善都是通过微生物和有机物的共同作用来完成的，并可达到修复土壤的目的。微生物肥料施入土壤后会分解吸收有机质，合成并分泌大量的多糖和聚氨基酸等黏性物质，这些黏性物质混同土壤无机颗粒和残存有机颗粒形成土壤的团粒结构。团粒结构之间含有大量的空气，在团粒结构内部相对空松。团粒结构的形成破坏了细密土层中的毛细管道，减少土壤水分沿着毛细管道的蒸腾作用而造成的损失。长期施用化肥的土壤易板结，所含空气少，水分易经致密土层中的毛细管挥发，保水能力差，易干旱。施用微生物肥料的土壤抗旱能力强，遇上雨水多的季节，因为有机质丰富，微生物大量繁殖的田块犹如海绵一样吸水能力也增强。由于微生物肥料能不断地分解秸秆等农业废弃物，田间杂物少，有害的化学合成物少，这样的土壤保水、保肥、保温，又透气，保持了土壤的可持续生产力。

微生物肥料在使用过程中也需要注意以下几个方面：①开袋后要尽快使用。开袋后会有其他的细菌等侵入，造成微生物菌群发生改变，影响使用效果，因此微生物肥料在开袋后要尽快使用，避免长期不用的情况。②避免高温干旱的气候下使用。高温干旱的天气，影响微生物的繁殖和生存，不能完全发挥，施肥效果也会大打折扣。③避免与未腐熟的农家肥混合使用。未腐熟的有机堆肥沤的过程中，会产生大量的热量，微生物会被高温杀死，影响微生物肥料的肥力。同时，还要注意避免与过酸碱的肥料混合使用。④避免与农药同时使用。两者若同时使用，化学农药的药性，会抑制微生物的生长繁殖，严重的还会杀死微生物。

施用各种化肥和细菌肥料时一定要注意其养分含量和真伪，根据需要而定，以免造成伤害。在使用时，应当严格按照说明进行施用，如还有疑问，须咨询专家，避免肥料的浪费以及污染的发生。

第四节　施肥时期的确定

桃树施肥时期的确定主要应根据桃树的生长特点和需肥规律来进行。施肥时期的不同对桃树的生理作用、生长以及干物质积累均有重要影响。抓住树体需肥的关键时期，不仅施肥效果好，还能显著降低施肥量。

一、追肥时期的确定

根据第一章的桃树生长特性可以知道，桃树的生长是典型的双"S"曲线，主要分为细胞分裂期、硬核期和果实膨大期几个阶段。开花与坐果期（早春3月），新生组织中7%的氮来自肥料，其余的均来自树体贮藏的营养；仲春（4月）果实和枝条开始生长时，32%的氮来自肥料，其中的78%分配到新生器官，超过50%被果实利用。氮肥的吸收在早春开始快速增加，初夏达到最大值，然后又逐渐下降直至晚秋。桃树营养生长最旺盛的季节（夏季），树体吸收了一年中氮肥的64%，大部分氮在叶中成为不可溶的高分子化合物。采后施氮，氮贮藏在树根和树冠里，被第二年春天桃树开花时重新利用。早春施氮有助于坐果，采后施氮可以为来年的生长提供大量可利用的碳水化合物（图6-1）。

由图6-2、图6-3、图6-4可以看出由桃树营养旺盛生长期开始（6月或新叶开始生长后约100 d）至采果结束，树体中氮的含量都是处于不断上升的过程中的，因此，在6月应当注意进行适当的追肥。

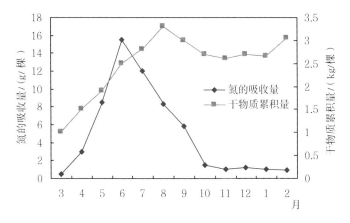

图6-1　一年生桃树的氮吸收及干物质累积情况
（Munoz，1993）

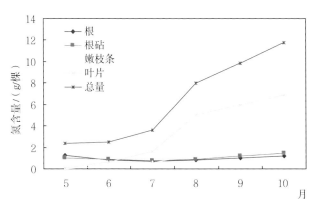

图6-2　一年生树体各部分氮含量的季节变化
（Atkinson，1997）

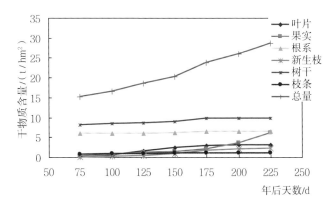

图6-3　七年生桃树各部分干物质含量的季节变化
（RUFAT，2002）

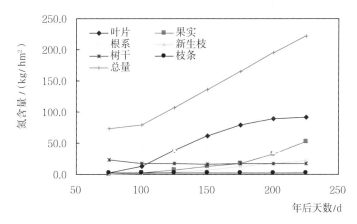

图6-4   七年生桃树各部分氮含量的季节变化
（J.RUFAT，2002）

二、基肥施用时期的确定

桃树的发芽、展叶、开花、坐果主要依靠上一年秋季贮藏的养分。由图6-5可以看出，树龄为七年的桃树，年周期中，根系和树干中氮随着生长天数的增加呈现出下降趋势，而叶片由于具有萌芽—新叶—老叶的循环先增后减，果实氮含量则是随着生长天数的增加而增加。因此，当年秋季树体贮藏营养的多少，直接影响到次年花的数量与质量，也影响到果实的产量及品质。传统的有机肥施入时间有春施和秋施两种，但生产实践表明，早秋施入有机肥效果最好。此时天高气爽，光照充足，地温较高，又是雨季的中后期，对于有机肥来说，施入土壤后由于土温较高，水分条件好，土壤微生物活动旺盛，有利于有机肥的发酵分解，保证有效营养持续不断地供给桃树吸收利用。

对桃树来说，当年秋季叶片的光合

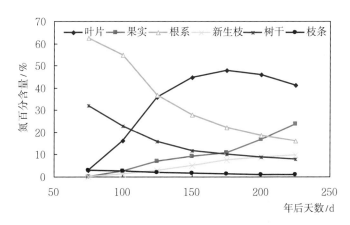

图6-5   七年生桃树各部分的氮含量占整株树的百分率的季节变化
（RUFAT，2002）

作用仍较强，根系处于生长高峰期（梨树的第二次生长高峰，苹果的第三次生长高峰），吸收能力强，且伤根易愈合，切断一些小根可促发新的吸收根，增强根系的吸收能力，提高树体贮藏营养和花芽质量，保证桃树安全越冬，并为翌春桃树展叶、开花、坐果和新梢生长打下营养基础，缩短由利用树体贮存养分到利用叶片光合作用制造养分的转换期，并缓解转换期内春梢生长与开花、坐果的养分竞争。若桃园晚秋施肥或初冬施肥，由于地温随气温下降，有机肥分解困难，根系伤口愈合慢，产生新根少，不利于树体贮存营养。而春施有机肥，桃树根系伤口不能很快愈合，肥效发挥较慢，根系不能及时吸收利用，到生长后期则往往造成新梢再次生长，影响花芽分化和果实发育。因此早秋施有机肥的效果最好，具体时间是 8 月中下旬至 9 月上中旬，且宜早不宜晚。秋施基肥在落叶前结合秋耕进行，选肥以有机肥、缓效肥为主，如厩肥、土杂肥、饼肥、草木灰等，适当配施速效氮、磷和钾。有机肥的施用量应占年施肥总量的 90% 以上，肥料的施用量应根据桃树大小、营养状况、挂果多少而定。每株施有机肥 35 ～ 50 kg、过磷酸钙 1 ～ 1.5 kg、尿素 0.4 ～ 0.5 kg。结合桃园耕翻，以放射沟或环状沟施，深度约 30 ～ 45 cm，以达到主要根系分布层为宜。撒施基肥，肥料分布均匀，但耕翻较浅，根系分布亦浅，且翌年杂草多，宜与沟施交替应用，施肥后要盖严覆土。

由于早熟品种一般都在 7 月以前成熟，开花、坐果、果实膨大都在上半年完成，所以早熟品种基肥的比例要大一些，一般占总施肥量的 70% ～ 80%，中、晚熟品种通常占 50% ～ 60%；6 月中下旬追施 1 次氮、磷、钾复合肥，早熟品种占施肥量的 10%，中、晚熟品种占施肥量的 20% ～ 35%。早熟品种的追肥时期可提前到 4 月下旬至 5 月上旬。在采果后（8 ～ 9 月）施还原肥（占施肥量的 10% ～ 20%，早熟品种占 10% 左右）。

三、肥料施用其他注意事项

1. 浇水

施肥后，浇 1 ～ 2 次透水，既可使肥料有充足的水分，迅速腐熟发酵分解，又能使桃树在秋高气爽的季节不干旱。浇水后，还可用农作物秸秆、杂草等物覆盖保墒。

2. 施用次数与时期

施用次数与时期应根据桃树生长结实情况灵活掌握。土壤疏松、雨多流失大、产量高、中、晚熟品种可进行 2 ～ 3 次。施肥时期可根据具体情况灵活掌握。如在落花后 1 周，早晨 8—9 时观察，如树体呈灰色，叶片黄绿无光泽，新梢细弱，说明营养不足，应追施氮肥。有的桃园由于产量高或前期肥料不足，对中、晚熟品种于 6 月下旬至 7 月上旬果实膨大期加施 1 次以氮为主的追肥。此时追肥应稀（稀释）而少，否则刺激新梢生长反而造成落果与质量下降。另外，采收后要追施补肥，其作用为提高同化功能，增加树体贮藏营养，增进花芽质量和越冬能力。补肥以氮为主，约占全年用量20%。如基肥中未施磷肥或磷肥不足，可配合施用磷肥。早熟品种可早施，中晚熟品种晚些。对少数极晚熟品种如'雪桃''中华寿桃'可提早到采收前施补肥。

第五节　施肥方式

桃树施肥同其他作物一样，包括土壤施用和根外追肥两大类。由于土壤施用的方法简单易行，所以往往在桃树种植中广泛应用。根外追肥主要针对桃树所遇到的特殊养分需求或是缺乏，进行养分缺素的纠正以及补充。

一、土壤施肥

根系中的根毛是桃树吸收营养的主要部位，因此将肥料施于根毛集中的区域，是提高肥效的重要措施之一。在一般情况下，水平根的分布范围约为树冠的1～2倍，但绝大部分集中在树冠投影的外缘和稍远处，所以追施肥料时应以树冠投影的外缘和稍远处为主。根系的垂直分布则随树种、土质、管理水平的不同而异。桃树根系分布较浅，绝大部分分布在40 cm左右深的土层中。

根据上述特点并结合肥料特性，有机肥宜深施；化肥可浅施。常用方法如下：

1. 环状沟施

又叫轮状施肥。在树冠外围稍远处挖一环状沟，沟宽30～50 cm、深

20～40 cm，把肥料施入沟中，与土壤混合后覆盖（图6-6），此法适用于幼树。随树冠扩大，环状沟逐年向外扩展。此法操作简便，但缺点是挖沟时易切断水平根，施肥范围较小，易使根系上浮分布于表土层。

图6-6　环状沟施肥

2. 放射状沟施

在距主干1 m以外处，顺水平根生长方向放射状挖5～8条宽30～50 cm、深20～40 cm的沟，将肥施入。可隔年或隔次更换位置，并逐年扩大施肥面积。挖沟时注意应内浅外深，以尽可能减少切断大根的可能（图6-7）。

3. 条沟施肥

在树冠外围滴水线内外，挖宽20～30 cm、深30 cm的条状沟，将肥施入，也可结合深翻进行。每年更换位置（图6-8），并使用机械化操作，适用宽行密株栽培的桃园。

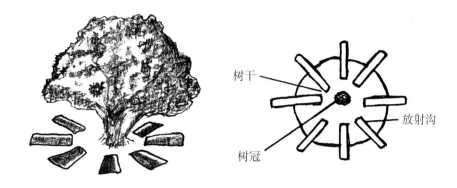

图 6-7 放射沟施肥

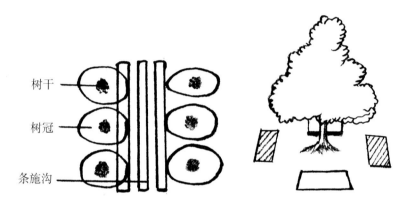

图 6-8 不同的条施沟施肥

4. 穴状施肥

在树冠外围滴水线外，每隔 50 cm 左右环状挖穴 3 ~ 5 个，直径 30 cm 左右，深 20 ~ 30 cm。穴状施肥多用于追肥（图 6-9），可减少肥料与土壤接触面，避免被土壤固定。

5. 全园撒施

肥料在桃园树冠已交接，根系已布满全园时施用。将肥料撒于地面后深翻约 30 cm。但因施肥浅，常诱发根系上浮，宜与其他施肥法交替使用，以互补不足。

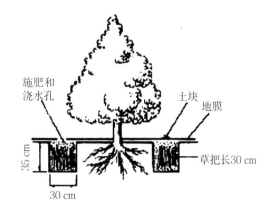

图 6-9 地膜覆盖，穴贮肥水法

二、根外追肥

根外追肥包括叶面喷施、茎干注射、种子处理、沾根等方法。由于桃树本身的特性，种子处理和沾根都不适合桃树施肥，而茎干注射由于技术操作复杂，资金投入量大，目前在我国的应用并不广泛。因此以下以叶面喷施作为主要介绍内容。

叶面施肥就是将各种养分施用于作物叶片表面，通过叶片吸收各种养分的技术措施。科研工作者发现，植物叶片在进行光合作用的同时，也可以吸收气体、营养元素、农药、除草剂、调节剂、抗旱剂等多种物质。科学家将不同形态和不同种类的养分喷施于多种农作物叶片之上，证实养分叶面喷施与根部施用都可以被作物吸收利用，这种现象对于作物进行叶面施肥有重要的研究与应用意义。

绝大多数的作物主要依靠根系吸收养分，但叶片也能吸收部分外源物质，如气体、矿质元素、农药、调节剂、小分子有机物等。叶面施肥，可以使营养物质通过叶片的表皮细胞和气孔进入体内，直接参与植物的新陈代谢与有机物的合成，实践证明：根外施肥效果比土壤施肥更为迅速，减少养分固定，高效改善植物营养状况，提高肥料利用率。国内外集约化农业中，将叶面施肥作为矫正植物微量元素缺素症，弥补作物根系衰老条件下的营养补给，增加植物抗逆性（寒、盐、旱、病）的有效措施。尤其对易被土壤固定的微量元素肥料来说，叶面施肥的意义特别重要。

（一）叶面施肥的优点

与根部施肥相比，叶面施肥具有一些特殊的优点，具体如下：

（1）养分吸收快，作物叶片对养分的吸收速率远大于根部，一般数小时即可达到吸收高峰，因此可以及时补充养分，纠正作物缺素症，对于补充作物生育早期或晚期因根系吸收能力弱而供应不足的养分有特殊的应用价值。

（2）养分利用率高，减少使用量。养分不经过土壤的作用，直接被叶片利用，因此养分利用率大于土壤施肥，可显著降低肥料使用量。

（3）对土壤条件依赖性小。土壤施肥中作物对养分的吸收受土壤温度、酸碱度、湿度、微生物等多种因素影响，而叶面施肥很少受到土壤条件的限制，利用率相对稳定。

（4）缓解重金属毒害。土壤中一些重金属含量过高，对作物生长会产生不利的影响，利用叶面施肥可以缓解重金属元素引起的毒害。如土壤锌元素含量过高时，对作物生长不利；产生缺铁等问题。土壤施用铁肥效果不理想，而叶面喷施铁可以降低叶片锌浓度，增加叶绿素含量，减少锌对作物的毒害。

（5）施肥方便，不受作物生育期影响。作物的大部分生育期都可以进行叶面施肥，尤其作物植株长大封垄后，根部施肥非常不便，而叶面喷施基本不受植株高度、密度等影响，养分种类、浓度可以根据作物生长时期及状况进行调节，便于机械化操作。

（6）叶面喷施可以与农药、植物生长调节剂及其他多种活性物质结合使用，相互促进，提高叶片的吸收效果。

（二）叶面施肥的缺点

虽然通过叶面补充微量元素具有一些根部施肥无法比拟的优点，可以解决农业生产中的一些特殊问题，但是叶面施肥也有一些不足之处，如养分吸收量少、叶面润湿时间短、部分元素利用效果差等。另外，微量元素的叶面吸收效果受植物叶片结构、生长环境及喷施液理化性质等多种因素的影响。所以，采用根外追肥时应考虑到：根外追肥只能解决桃树对某些元素的急需，其吸收量是有一定限度的，不能用根外追肥法来代替一般性的施肥。

（三）影响叶面吸收的因素

（1）叶片宽大的作物养分吸收效果比窄小的作物叶片好，这与叶片表面蜡质层不同的疏水性质有关，因此，针对不同作物选择适合的助剂及养分形态是保证养分吸收的重要条件。

（2）一般而言，一方面，作物发育健壮有利于叶片对养分的吸收。另一方面，作物植株如果某种养分不足，该养分叶面喷施效果就越明显。如微量元素缺乏的作物对养分的吸收效率是根部养分充分供应的2倍。

（3）环境条件可以影响作物生长及喷施液在叶表的浸润时间，喷施液在叶面的浸润时间是决定养分吸收效果非常重要的因素。一般条件下，喷施液在叶面保持湿润的时间越长，养分吸收效果就越好，如果喷施液变干过快就会降低养分吸收。

（4）优秀的叶面肥产品是养分吸收最重要的条件，一种优秀的叶面肥产品必须保证以下因素：不同种类和不同形态养分的配合、高效助剂的使用、有机络合剂选择、植物活性物质的配合、养分浓度的合理搭配等。

（四）提高叶面施肥效果的方法

提高叶面施肥效果的方法包括以下几个方面：

（1）选择好的产品、合格的产品。其养分配比合理，而且含有养分助剂，可以最大程度保证养分吸收效果。

（2）选择合适的喷施时间。一般最好在上午9时之前与下午4时之后进行叶面施肥，可以保证喷施液保持较长的润湿时间。

（3）喷施时要做到均匀，避免有漏喷现象。

（4）保证一定的浓度。只有养分达到一定的浓度，才能达到预计效果，所以，动辄稀释上千倍的叶面肥是无法达到理想效果的。

用喷雾器给桃树叶面喷肥，可促进桃树新梢正常生长，矫正营养缺素症，促进花芽分化，提高桃品质与产量，尤其在瘠薄的平地和丘陵山地，由于土壤缺乏某种元素或某种元素不能被利用，加之施肥不平衡常常造成缺素症，因此在我国的南、北桃产区，均宜采用叶面追肥的方法。一般在4—7月，根据土壤、树体等情况，每月用喷雾器喷施各种大量、中量和微量元素肥料1～2次。具体肥料种类、施用浓度、方法见表6-11和表6-12。

（五）桃树养分调节注意事项

1. 高消耗，缺素应不断补充

桃树多年生长在同一地块，不能经常轮作换茬，除幼龄期可以短期间作外，其他时期难于间作。由于树体的长期吸收，土壤中营养元素消耗量大，造成同种"偏食"，加上选择桃园时，多选取"上山下滩，不与粮田争地"的地方建园，立地条件较差，极易出现各种生理性缺素症状。不仅造成树体需求量大的磷、钾、钙等大量元素的缺乏，更由于忽视微量元素的补充而造成微量元素，如硼、锌、铁、锰等缺乏，影响树体的正常生长发育，严重时造成树体死亡。因此，在栽培上要从定植就开始重视土壤管理，加强施肥特别是微肥，供应桃树所需元素以"养根壮树"，这是桃树优质丰产的基础。

2. 根系稀少，养分利用率低

调节桃树养分可以较大范围地利用土壤空间的养分，但也为施肥带来困难，施肥时无法使肥料均匀分布在根系周围，再加上桃树根密度小，因而桃树对肥料的利用率极低。提高桃树养分利用率的方法应从两个方面着手：一方面可局部养根，集中施肥，如穴贮肥水、沟草养根；另一方面可通过平衡施肥，施

表6-11   根外追施肥料的种类、施用浓度及方法

喷用肥料	喷用浓度 /%	喷用时期	作用
尿素	0.3～0.5	开花至采摘前	促进生长提高坐果
硫铵	0.1～0.2	开花至采摘前	促进生长提高坐果
过磷酸钙（浸出液）	1.0～3.0	新梢停止生长	促进花芽分化、提高果实质量
草木灰（浸出液）	2.0～3.0	落果后至采摘前	促进花芽分化、提高果实质量
氯化钾	0.3～0.5	落果后至采摘前	促进花芽分化、提高果实质量
硫酸钾	0.3～0.5	落果后至采摘前	促进花芽分化、提高果实质量
磷酸二氢钾	0.2～0.3	落果后至采摘前	促进花芽分化、提高果实质量
硫酸锌	3～5	萌芽前3～4周	防桃小叶病
硫酸锌	0.5	发芽后	防桃小叶病
硼酸	1.0	发芽前后	提高坐果
硼酸	0.1～0.3	盛花期	提高坐果
硼砂（加石灰适量）	0.2～0.5	5—6月	防桃缩果病
柠檬酸铁	0.05～0.1	生长季节	防缺铁症
硝酸钙	0.3～0.5	盛花后3～5周、采摘前8～10周	防果实缺钙

表 6-12 各种元素叶面喷肥的用法及注意问题元素

	原料	用量/(kg/亩)	时期[1]	注释
氮	尿素（45%氮，少量缩二脲）	3.62	P 或 PF	当钙缺失时不推荐使用
钙	氯化钙（77%～80%CaCl₂）	5.4～18.1	1-7	不要用硝酸钙。不要将氯化钙和硼砂混合施用
钾	硫酸钾（27%K₂O）	2.2～3.6	D 或 PH	用稀释液喷洒。不要使用含有氮的钾肥
镁	硫酸镁（11%）	5.4	PF	在第1次或第2次时使用，与农药相容
锰	硫酸锰（24%）	1.8	D 或 PH	春季萌芽前喷施
铜	硫酸铜（22%Cu）	1.4～2.2	D 或 PH	春季萌芽前喷施
硼	硼砂（20.5%B）	1.4～2.9	PF 和 PH	喷施2次，但是每年用量不超过 43.5 kg/hm²
锌	硫酸锌（89%）	2.0～4.0	D 或 PH	春季萌芽前喷施

注：①D 表示休眠期，P 表示开花初期，PF 表示落花期，1-7 表示 7 次喷洒的第 1 次，PH 表示收获后。上面罗列的原料是一些较集中、单一的养分来源。其他的原料可能合适，但是需要参考对产物的独立测试结果。

缓释肥，根据桃树需要进行科学合理的施肥，减少肥料损失，提高利用率。

3. 施肥与果实品质关系密切

在过去稀植低产栽培中，产量与品质的矛盾不是很突出，施肥对品质的影响不是很大；但在现代密植丰产栽培中，桃树亩产量大幅度提高，果实带走大量养分，施肥和土壤供应的养分与桃树的需求之间产生矛盾，此时若施肥不当，极易造成品质不良，如生产中存在的偏施氮肥、大量施氮，造成果实着色不良，酸多糖少，风味不佳。现在水果特别是苹果总产量的激增，水果供过于求，价格下降，而高档果品由于供不应求，价格呈持续上涨趋势，因此，在施肥上我们应将原来产量效益型施肥改变为品质效益型施肥，大力提倡配方施肥和平衡施肥，稳定产量，提高桃的品质，节支增收。

4. 立地条件与桃树营养关系密切

桃树个体容积较作物大得多，因此，需要养分的强度和容量都很大，只有土层深厚、质地疏松、酸碱度适宜、通气良好的土壤，才能促使根系发达，枝干粗壮，果多质优。同时，桃树自栽植以后，其根系不断地从根域土壤中长期地、有选择性地吸收营养元素，所以很容易产生生理性缺素症和营养元素间不平衡的情况。因此，我们应当重视和加强土壤管理，为桃树根系生长发育及发挥功能创造一个好的环境；施肥上应以稳为核心，增施有机肥，稳定土壤结构；化肥应以多元复合肥为主，防止生理性缺素症发生。

第六节　叶分析诊断

一般来说，叶分析诊断被认为是诊断植株是否缺素的常用手段，国内这一领域的研究还处于起步阶段。目前仅就美国果树生产实践表明，叶分析诊断的最大贡献是降低施肥量。例如美国的叶分析诊断标准值为：氮 2.75% ~ 3.50%，磷 0.12% ~ 0.30%，钾 1.30% ~ 3.20%。在施肥指导上认为，如果叶分析诊断值处在高量或过量范围就应降低氮肥施用量或不施用氮肥；如果叶分析诊断值处在低量或过低范围就应增加氮肥的施用。

但是叶分析诊断的具体应用过程要复杂得多。首先同一种果树的叶分析诊断标准值在不同地区可能是不同的，其次来自不同果园同种果树的叶分析结果，并不意味着这些果园应采用同一施肥方案。果树的结果数量、生长势、修剪措施以及土壤管理制度都会影响叶分析诊断的结果。所以对于桃树的叶分析诊断就要求有一个统一的标准和方法，以便于桃树叶分析诊断数据利用。

一、叶片采集的方法

研究表明，叶分析诊断为果园生产提供了最为可靠的养分需求信息。土壤分析只能表示土壤哪些养分是有效的，但是叶分析诊断则说明了果树实际吸收的养分状况。田间多数的养分缺乏症状是隐性的，无法观察到养分缺乏或过量的外观症状，而且土壤分析和外部诊断在这种情况下无法确定是否存在潜在的养分缺乏和过量症状。但是叶分析诊断能够在这种情况下监测到潜在的养分缺乏或过量的问题。如果每年能够进行叶分析诊断，就能够揭示果树营养状况的变化趋势，避免将来出现严重的问题。但是有些情况下土壤测定结果和植株测试诊断结果相矛盾，这种情况下应该遵循叶分析诊断测试结果进行推荐施肥。

在一年中生长季节的早期，一些叶片营养浓度是增加的，而其他时期则是下降的。当桃树的营养生长变缓时，大部分元素水平趋于稳定。在华北地区，最佳的叶片采样时期是在 6 月下旬至 7 月上旬，用于解释叶分析诊断结果的标准也是根据该时间段范围的数据制订的，如果在其他时间段采样进行叶分析诊断，其结果无法用上述标准来评判。因此，在实际生产中需要注意这一点。虽然对叶片样品的分析可以提供氮、磷、钾、钙、镁等养分含量，但是和土壤诊断一样，采样的代表性比样品结果测定的准确性更重要。

一个供分析的叶片样品应该包括至少 50 片成熟的叶片，采样从一定区域的若干棵桃树树冠中部外围获得，被采样叶片应为枝条中部叶片。注意从一个桃树品种中随机选树，选择原则和步骤与土壤采样类似，在本区域内有代表性。

灰尘和叶面喷施残留会影响叶分析诊断结果，因此不能在叶面喷施肥料或者农药后取叶片样品。叶片样品要先通过清洗去除污染，但是要防止清洗样品时的二次污染。大多数桃园经营者不知道如何有效清洗叶片样品，所以一般不要求个人对叶片样品进行清洗。

叶片的清洗可以用浓度 0.1% 的温和洗涤剂（一般家用洗涤剂即可），然后用蒸馏水冲洗 3 遍，注意清洗时不能将叶片样品浸泡在洗液里，也不要用自来水冲洗叶片样品，因为自来水中可能含有的金属离子和其他盐分会影响测定结果。将洗净的叶片取出来后，甩干多余的水分，然后平放在干净的纸巾上，置于干净的环境里晾干。叶片样品晾干后，放入纸袋中，封口后风干。夏季将叶片样品置于温暖干燥的环境里几周后就可以彻底风干。风干后，将叶片样品粉碎，依然盛放在原来的袋子里。如果通过叶分析诊断指导追肥，则检测时间要求较短，样品只能送到检测实验室快速烘干。如果农化服务机构提供样品袋，则将样品装入农化服务机构提供的样品袋，然后送交化验。

随着生活水平的提高，人们对于桃的品质要求越来越高，对于桃内在的甜度、酸度、色泽等要求越来越严。高档水果的价格常年居高不下。庞大的市场促使生产者对果园的树体生长情况监测提出更为严格的要求。实时、快速、相对准确的农化数据监测必将成为农化服务部门服务发展的方向和目标。

随着速测仪器的不断推出和更新换代，人们对于仪器的选择有了更大的余地。下面介绍一种快速测定仪器：Cardy meter。

Cardy meter 是最近几年在国外最先出现的一种便携式的氮和钾速测仪，该仪器配有两个电极，分别用来对土壤、植物和水溶液中的硝酸盐和钾离子浓度进行测试。该产品体积小，携带方便，比较适合于田间条件下对土壤和植物硝酸盐和钾离子浓度的测定，因此在土壤和植物营养诊断方面有很好的应用前景。

Cardy meter 测定所需的样品量少，每次测试只需用胶头滴管吸取 1 滴溶液就可以完成测定，这也是它能够完成田间速测的原因之一。使用 Cardy meter 比较经济，只要有一套完整的设备就可以进行测定，不需再购买其他产品。而目前应用较多的反射仪—试纸条方法除了要有设备外，每测定 1 个样品还需要 1 条试纸条，而试纸条必须从国外进口，且价格比较贵，在实际推广应用上受到了一定的限制。因此使用 Cardy meter 进行土壤和植物的营养诊断和推荐施肥比其他方法更省钱，农户也容易接受。

二、国内外常见的叶分析诊断指标

就桃树叶分析诊断来说，国内鲜有涉及，但是在国外桃树叶分析诊断技术已经相当成熟，有些已经基本形成较好的指标体系。下面就一些国外常用的叶分析诊断方式加以介绍。

建立一个叶分析诊断指标，需要积累大量数据来推断叶片养分的适合含量，国外有的产桃国家经过长期研究和积累，提出了适合各自国情的叶片养分适宜含量水平（表 6-13）。

从表 6-13 可以发现，在采样时间上，纬度大致相同的国家，采样时间的选择表现出惊人的相似。中高纬度多选择 7—

表 6-13　不同国家地区桃树叶片养分含量的适宜值

国家/地区	来源	取样时间及部位	干物质/%					
			氮	磷	钾	镁	钙	硫
澳大利亚巴西	Reuter&Robinson,1986	1—2月的第3片叶	3.00~3.50	0.14~0.25	2.00~3.00	0.30~0.80	1.80~2.70	0.20~0.40
Rio Grande&Santa Catarina	Basso,1990	花后13~15周的第3片叶	3.26~4.53	0.15~0.28	1.31~2.06	0.52~0.83	1.64~2.61	—
德国	Bergmann,1988	7—8月的第3片叶	2.20~3.20	0.18~0.35	1.50~3.00	0.30~0.60	1.50~2.50	—
匈牙利	Szucs,1990	8月上旬的第3片叶	2.60~3.60	0.18~0.26	2.00~3.00	0.40~0.60	1.70~2.40	—
意大利	Failla,1991	7月底至8月初的从下边数的第3片叶						
美国皮德蒙特高原			3.00~3.80	0.19~0.27	2.10~3.30	0.35~0.55	1.80~2.80	—
意大利托斯卡纳区			3.00~3.60	0.16~0.22	1.50~2.50	0.40~0.60	1.60~2.40	—
意大利坎帕尼亚区	Lalatta,1987		3.20~3.60	0.16~0.21	2.10~2.80	0.65~1.00	1.40~2.00	—
南非	Kotze,1990	1月31日的第3片叶	2.20~3.80	0.12~0.20	0.80~3.20	0.35~1.10	1.20~3.50	—
美国	Childers,1973	仲夏的第3片叶	2.50~3.36	0.15~0.30	1.25~3.00	0.25~0.54	1.90~2.50	—

注：产量和质量在满意的范围内。

8月，低纬度国家多选择1—2月，这是由不同纬度国家种植制度决定的。按我国纬度情况看，7—8月是叶片样品采集的最佳时机。从数据来看，在叶片取样部位上各国也表现出惊人的一致，这是因为新叶萌发时养分代谢活跃，而太老的叶片角质化严重，所以不适宜作为叶分析诊断的理想样品。中部叶片取样时间和取样位置很重要，它是决定叶片养分情况与产量品质情况是否能建立可靠

联系的依据，从而决定最终养分推荐指导是否能产生预期效果。各国指标体系在具体数值上有相近之处，但也有不同的地方，这可能是区域差异、栽培关系和品种不同造成的。

在确定叶片养分适宜含量指标的基础上，就可以着手建立一套叶片养分分级指标体系。国内外的养分指标体系（表6-14～表6-16）研究已有相当水平。这些标准的建立既体现了不同国

表 6-14　澳大利亚叶片分级指标

元素	缺乏	低值	适量	高值	中毒
氮 /%	< 2.4	2.4 ~ 2.9	3.0 ~ 3.5	3.6 ~ 4.2	> 4.2
磷 /%	< 0.09	0.09 ~ 0.13	0.14 ~ 0.25	0.26 ~ 0.4	> 0.4
钾 /%	< 1.0	1.0 ~ 1.9	2.0 ~ 3.0	3.1 ~ 4.0	> 4.0
钙 /%	< 1.0	1.0 ~ 1.7	1.8 ~ 2.7	2.8 ~ 3.5	> 3.5
镁 /%	< 0.2	0.2 ~ 0.29	0.3 ~ 0.8	0.81 ~ 1.10	> 1.1
硼 / (μg/g)	< 15	15 ~ 19	20 ~ 60	61 ~ 80	> 80
铁 / (μg/g)	< 60	60 ~ 99	100 ~ 250	251 ~ 500	> 500
锌 / (μg/g)	< 15	15 ~ 19	20 ~ 50	51 ~ 70	> 70
锰 / (μg/g)	< 20	20 ~ 39	40 ~ 160	161 ~ 400	> 400
铜 / (μg/g)	< 3	3 ~ 4	5 ~ 16	17 ~ 30	> 30

表 6-15　美国宾夕法尼亚州叶片分级指标

元素	缺乏	低值	适量	高值
氮 /%	< 2.0	2.0 ~ 2.5	2.5 ~ 3.4	>3.4
磷 /%	< 0.10	0.10 ~ 0.15	0.15 ~ 0.30	>0.30
钾 /%	< 1.70	0.70 ~ 2.10	2.10 ~ 3.00	>3.00
钙 /%	< 0.50	0.50 ~ 1.90	1.90 ~ 3.50	>3.50
镁 /%	< 0.03	0.03 ~ 0.20	0.20 ~ 0.40	>0.40
硼 / (μg/g)	< 11	11 ~ 25	25 ~ 50	>50
铁 / (μg/g)	< 40	40 ~ 51	51 ~ 200	>200
锌 / (μg/g)	< 6	6 ~ 20	20 ~ 200	>200
锰 / (μg/g)	< 10	10 ~ 19	19 ~ 150	>150
铜 / (μg/g)	< 4	4 ~ 6	6 ~ 25	>25

表 6-16　我国华北地区叶片分级指标

元素	缺乏	低值	适量	高值	中毒
氮 /%	< 1.7	1.7 ~ 2.4	2.8 ~ 4.0	> 4.0	
磷 /%	< 0.1	0.15 ~ 0.29	0.29 ~ 0.5	> 0.5	
钾 /%	< 0.94	0.94 ~ 1.5	1.5 ~ 2.7	> 2.7	
钙 /%	< 1.0	1.0 ~ 1.5	1.5 ~ 2.2	> 2.2	
镁 /%	< 0.13	0.13 ~ 0.3	0.3 ~ 0.7	> 0.7	
硼 /（μg/g）	11 ~ 17	18 ~ 30	25 ~ 60	61 ~ 80	> 100
铁 /（μg/g）	< 73	73 ~ 100	100 ~ 250	> 250	
锌 /（μg/g）	6.9 ~ 15	15 ~ 20	20 ~ 60	> 60	
锰 /（μg/g）	5 ~ 25	17 ~ 37	35 ~ 280	> 280	
铜 /（μg/g）	< 3	3 ~ 4	7 ~ 25	25 ~ 30	>30

家的实际情况，又有相通之处。虽然这些指标体系在地域和使用上有限制，但是在建立区域桃园叶片指标体系过程中，可以参照国内外经验并结合本区域特点建立适合本地区的叶分析诊断指标体系。

对于不同的营养元素来说，采用植株叶分析诊断后，就可以根据叶片养分指标系统发现相应的问题，采用有针对性的养分纠正施肥措施予以补救。

第七节　树相诊断

树相诊断是根据树体生长结果表现来诊断树体营养状况的方法。比如新梢长度与粗度，叶片的大小、厚薄，叶色的深浅或是否黄化，成花量和花的质量，落花落果多少，产量和品质表现等等。一个有经验的果园管理人员和果树科技工作者，能根据树体生长情况和微小的变化，察觉出树体生长大致情况。一旦察觉出某种异常，就能分析判断其原因，包括是否营养失调等。如果确定为某种

类型的缺素或营养失调症，应及时矫正或调整。树相诊断比较直观，凭肉眼观察和经验判断，简单易行，较易在生产实际中应用推广。不足之处是无法起到预报的作用。当树相出现肉眼可见的缺素或过量症状时，对树体代谢早已造成破坏性影响，并已带来了损失，出现症状后再进行矫正，需要一个修复的过程，产生的损失无法补救。此外，某些缺素症状的诱因可能不只是缺一种元素，而是缺两种或几种元素，表现为复合症状。单凭树相观察，难以准确判断确切诱因。为此，必须借助其他的方法进行联合诊断。

1. 枝条诊断

根据彭福田等对'中华寿桃'树相诊断指标进行了研究。认为从枝条组合上判断，以中短枝比例 60% 划分中庸树和旺长树。其中短枝组大于 60% 时认为树体处于旺长阶段，对于幼树可以引导这种旺长的趋势来培育主枝和构建预期树型，对于进入稳产期的桃树则应该采

取控旺促花，长枝长放，改变施肥策略，暂时停止土施氮肥，来控制其旺长，以期恢复中庸稳产树况。

2.叶片判断

当桃树氮过量时，桃树叶片大而厚，叶尖端有时会有褶皱，呈现暗绿色，果实着色差且成熟期推迟，品质下降。当氮缺乏时，桃树叶片小而薄，叶色变浅，由浅绿至黄色不等，果实着色过浓，提前成熟，品质下降。

当桃树缺磷时，新芽新叶变小，叶柄和叶脉出现紫红色，严重的导致叶片褐化脱落。

当桃树缺钾时，叶片卷曲皱缩，叶色变浅，情况严重时叶缘附近出现坏死穿孔。

当桃树缺铁时，叶片叶脉间失绿，严重时叶片整叶黄化直至白化。

当桃树缺锌时，叶片变小，节间缩短，出现小叶丛生现象，枝条顶端叶片呈簇状。

当桃树缺硼时，由于枝条顶端分生组织坏死引发新梢枯死，形成"顶枯"。

以上介绍的是一般树相诊断观察，其实际应用时情况千变万化，难以一一列举，需要在实践中不断摸索积累。树相诊断方法的优点是直观、简单、方便，不需要专门的测试装备和样品的处理分析，可以在田间及时做出诊断，给出施肥指导。所以在生产中被普遍应用，是目前我国大多数果农习惯采用的方法。但是这种方法只能等树体表现出明显症状后才能进行诊断，因而不能进行预防性诊治，起不到主动预防的指导作用。且由于此种诊断需要丰富的经验积累，又易与机械及物理损伤相混淆，特别是当几种元素盈、缺，与机械及物理损伤表现相似症状的情况下，就更难做出正确的判断。况且通过系统培训使人员短期内熟练掌握此方法也存在一定的难度，所以在实际应用中有一定的局限性和滞后性。

第八节　节肥技术

化肥是重要的农业生产资料，是作物的"粮食"。化肥在保障农产品供给和农业生产发展中起了不可替代的作用，但目前也存在化肥过量施用、盲目施用等问题，尤其在蔬菜、果树等经济作物生产中这些问题更为严重，不仅增加了农业生产成本，也影响了农产品质量，造成环境污染，亟须改进施肥方式，提高肥料利用率，减少不合理投入，保障粮食等主要农产品有效供给，提高农产品质量，保护生态环境，促进农业可持续发展。为此，2015 年中华人民共和国农业农村部制订《到 2020 年化肥使用量零增长行动方案》，并组织在全国全面实施。

一、肥料施用现状

1.我国化肥施用现状

我国是化肥生产和使用大国。据国家统计局数据显示，2013 年化肥生产量 7.037×10^7 t（折纯，下同），农用化肥施用量 5.912×10^7 t。专家分析，我国耕地基础地力偏低，化肥施用对粮食增产的贡献较大，大体在40%以上。当前我国化肥施用存在4个方面的问题：一是亩均施用量偏高。我国农作物亩均化肥施用量$2.19 \times 10^6 \mathrm{t}$，远高于世界平均水平（每亩$8 \times 10^5 \mathrm{t}$），是美国的2.6倍，欧盟的2.5倍。二是施肥不均衡现象突出。东部经济发达地区、长江下游地区和城市郊区施肥量偏高，蔬菜、果树等附加值较高的经济园艺作物过量施肥现象比较普遍。三是有机肥资源利用率低。目前，我国有机资源总养分约$7 \times 10^7 \mathrm{t}$，实际利用不足40%。其中，畜禽粪便养分还田率为50%左右，农作物秸秆养分还田率为35%左右。四是施肥结构不平衡。重化肥、轻有机肥，重大量元素肥料、轻中微量元素肥料，重氮肥、轻磷、钾肥"三重三轻"问题突出。传统人工施肥方式仍然占主导地位，化肥撒施、表施现象比较普遍，机械施肥仅占主要农作物种植面积的30%左右。

2.桃树施肥现状

北京市土肥工作站组织技术人员对北京市平谷区桃园施肥现状进行了调查，调查结果显示有效农户448户，调查结果见表6-17。不包括有机肥投入的养分，仅化肥投入的养分，平均为N：468 kg/hm²、P_2O_5：175 kg/hm²和K_2O：157 kg/hm²。国际公认的化肥施用安全上限为225 kg/hm²，有研究人员根据安全上限指标制订了的化肥过量施用面源污染评价标准：极重度化肥面源污染（>500 kg/hm²）、重度化肥面源污染（400 kg/hm² < a ≤ 500 kg/hm²）、中度化肥面源污染（300 kg/hm² ≤ a ≤ 400 kg/hm²）、轻度化肥面源污染（225 kg/hm² < a ≤ 300 kg/hm²）。根据这一评价标准，北京地区桃园化肥使用处于极重度化肥面源污染。而且施肥也存在严重的不平衡，大多数地块施肥过量，也有个别地块施肥严重不足，甚至有不施肥的地块。

作者根据448个桃园的产量和桃树的施肥量，计算了桃园养分盈余量和平衡指数，结果见表6-18，养分盈余量为养分投入量（有机肥投入养分与化肥投入

表6-17　平谷区桃园的氮、磷、钾养分投入状况

样本数	肥料类型	氮 / (kg/hm²)	磷 / (kg/hm²)	钾 / (kg/hm²)	N：P_2O_5：K_2O
448	有机肥	532.0 （0 ~ 5 560.5）	424.3 （0 ~ 5 070.7）	382.3 （0 ~ 4 599.5）	1：0.80：0.72
	无机肥	468.2 （0 ~ 5 156.4）	175.5 （0 ~ 1 800.0）	157.4 （0 ~ 2 280.0）	1：0.37：0.34
	总量	1 000.3 （0 ~ 6 521.85）	599.8 （0 ~ 5 070.7）	539.7 （0 ~ 4 599.5）	1：0.60：0.54

表 6-18　平谷区桃氮、磷、钾养分的盈余及平衡指数分析

样本数	项目	氮 /（kg/hm²）	磷 /（kg/hm²）	钾 /（kg/hm²）
448	作物吸收量	194.2 （0～3 330.0）	77.2 （0～1 332.0）	258.4 （0～4 662.0）
	养分投入量	1 000.3 （0～6 521.85）	599.8 （0～5 070.7）	539.7 （0～4 599.5）
	养分盈余	806.0 （-2 571.3～6 191.9）	522.6 （-650.1～5 022.8）	281.2 （-3 976.8～4 431.5）
	养分平衡指数	5.15	7.77	2.09

养分之和）减去养分吸收量，养分平衡指数为养分投入量除以养分吸收量，其中养分吸收量＝产量（kg/hm²）/1000× 每形成 1 000 kg 商品作物所需要的养分量。平谷桃园 N、P_2O_5、K_2O 盈余量分别为806.0 kg/hm²、522.6 kg/hm²、281.2 kg/hm²，平衡指数分别为 5.2、7.8 和 2.1。从总体平均值看，平谷桃园均出现明显盈余，尤其是氮、磷过量比较严重，对环境存在潜在污染风险。

更为严重的是，桃园养分投入存在严重的两极分化现象，不同地块肥料投入量差别很大。部分桃园肥料投入过低，导致明显的养分亏缺；有的桃园肥料投入过量严重，对环境带来极大的污染风险。

二、桃树节肥应坚持的原则

1. 保障桃的产量、节本增效

产量是农民收入的来源，在减少化肥不合理投入的同时，通过转变肥料利用方式，提高肥料利用率，确保桃的产量；通过节本，使农民持续增收，农业可持续发展。

2. 统筹兼顾、综合施策

肥料发挥的效果受各种因素的制约，要统筹考虑土、肥、水、种等生产要素和耕作制度，按照农机农艺结合的要求，综合运用行政、经济、技术、法律等手段，有效推进科学施肥。

三、减肥的技术途径

1. 推进测土配方施肥

应用测土配方施肥技术，根据不同区域土壤条件、不同品种桃产量潜力，充分利用土壤养分，综合应用各种肥料资源，合理制定不同区域、不同品种桃的合理施肥量，减少盲目施肥行为。在总结经验的基础上，创新实施方式，加快成果应用，在更大规模和更高层次上推进测土配方施肥。一是充分调动企业参与测土配方施肥的积极性，筛选一批信誉好、实力强的企业深入开展合作，按照"按方抓药""中成药""中草药代煎""私人医生"等四种模式推进配方肥进村入户到田。二是创新服务机制。积极探索公益性服务与经营性服务结合、

政府购买服务的有效模式，支持专业化、社会化服务组织发展，向农民提供统测、统配、统供、统施"四统一"服务。创新肥料配方制定发布机制，完善测土配方施肥专家咨询系统，利用现代信息技术助力测土配方施肥技术推广。

2. 调整化肥使用结构

桃树的生长条件更多的是在山区、半山区，土壤养分差别比较大，而且桃树对钙、钾等养分需求更多。要根据当地土壤养分状况，优化氮、磷、钾大量元素的配比，促进大量元素与中微量元素化肥的配合。示范推广缓释肥料、水溶性肥料、液体肥料、叶面肥、生物肥料、土壤调理剂等高效新型肥料，不断提高肥料利用率。

3. 改进施肥方式

充分发挥种桃树大户、家庭农场、专业合作社等新型经营主体的示范带头作用，强化技术培训和指导服务，大力推广先进适用技术，促进施肥方式转变。结合高效节水灌溉，示范推广滴灌施肥、喷灌施肥等技术，促进水肥一体下地，提高肥料和水资源利用效率。

4. 有机肥替代化肥

通过合理利用有机养分资源，用有机肥替代部分化肥，实现有机、无机相结合。提升耕地基础地力，用耕地内在养分替代外来化肥的养分投入。适应现代农业发展和我国农业经营体制特点，积极探索有机养分资源利用的有效模式，加大支持力度，鼓励并引导农民增施有机肥。

（1）推进有机肥资源化利用。支持规模化养殖企业利用畜禽粪便生产有机肥，推广规模化养殖＋沼气＋社会化出渣运肥模式，支持农民积造农家肥，施用商品有机肥。

（2）推进秸秆养分还田。推广秸秆粉碎还田、快速腐熟还田、过腹还田等技术，研发具有秸秆粉碎、腐熟剂施用、土壤翻耕、土地平整等功能的复式作业机具，使秸秆取之于田、用之于田。

（3）因地制宜种植绿肥。充分利用南方冬闲田和果茶园土、肥、水、光、热资源，推广种植绿肥，如在桃树行间种植花生、大豆和苜蓿等豆科作物，翻压入土，培肥土壤，减少化肥投入。

第九节　桃树水肥一体化施肥流程

微灌施肥时，首先应根据微灌面积、作物种类、产量水平和各生育期养分吸收特点确定各时期化肥的使用种类和数量。为简化起见，一般将种植作物的生长期划分为3个生长时期，即萌芽期、硬核期和果实膨大期，分别计算每个生长时期氮、磷、钾肥料的使用量，并适当补充微量元素肥料，以此来制定施肥方案。

一、分析桃树的生长需肥规律

根据已有资料分析桃树的需肥规律，具有以下特点：开花前吸氮量高于钾；开花至幼果期日吸收钾量明显增加，直到结果膨大早期；膨大期的氮、钾需求量均衡增长，直到收获；在整个生育期，磷需求量保持在相对稳定低水平。

二、确定各生育阶段吸收氮、磷、钾的总量及比例

根据桃树的需肥特点，划分不同的施肥时期：一是开花前，二是开花期至膨大期，三是膨大期。根据资料，确定桃树不同阶段养分比例如下：

开花前，每亩吸收 $N：P_2O_5：K_2O=1.0：0.3：0.7$

开花期至膨大期，每亩吸收 $N：P_2O_5：K_2O=1.0：0.3：1.0$

膨大期，每亩吸收 $N：P_2O_5：K_2O=1.0：0.3：1.5$

三、拟定推荐微灌施肥方案

按照平衡施肥原理，作物某生育阶段某种养分施肥量 =（某养分吸收总量 - 同阶段土壤某养分供给量）/（某肥料养分含量 × 肥料当季利用率），可以制定 3 个肥料配方便可以满足要求，见表 6–19。

四、配制肥料

与商品肥料相比，自行配制肥料的优点在于灵活变通。按一定的配方用单质肥料自行配制营养液通常更为便宜；养分组成和比例可以依据不同作物或不同生育期进行调整；配制一系列高浓度的营养液，施用时再按比例稀释是十分方便的；把元素间不发生化学反应、能完全而迅速地溶解的肥料混合在一起，在田间即可配制不同氮、磷、钾比例的营养液，具有很高的灵活性，能更好地满足作物的需要。

完全速溶性肥料配置程序：

拟定配方—配料—掺混—粉碎—调酸度—染色—烘干—称重分装。

配制完全速溶性肥料需用溶解性好的化肥，大部分化肥溶解性较好，但有些磷肥品种是不溶的，最好的基础原料是磷酸二氢钾，但其价格太高，常用磷酸一铵（粉状）作为磷源，有些厂家生产的一铵含有少量不溶性物。配制完全速溶性肥料必须注意防止磷与钙、铁、锌等元素，硫酸根与钙、镁等元素发生沉淀。

北京市土肥工作站根据研究成果，开发出适于北方地区褐土区和潮土区桃树的专用水溶肥固体配方：

前期：$N：P_2O_5：K_2O$ 为 $25：10：15$（含微量元素、调理剂等）；

表 6–19　桃微灌施肥推荐方案

目标产量 /(kg/ 亩)	施肥期	肥料配方（ $N：P_2O_5：K_2O$ ）	施肥次数	每次用量 /(kg/ 亩)
	开花前	25：10：15	1	20
3 000 ~ 4 000	开花期至膨大期	25：5：20	2	15
	膨大期	20：0：30	4	15

中期:N:P_2O_5:K_2O 为 25:5:20（含微量元素、调理剂等）;

后期:N:P_2O_5:K_2O 为 20:0:30（含微量元素、调理剂等）。

混合肥料的基本原则:

（1）配制液体时,始终使容器中保持需水量的 50%～75%。

（2）能够提供热量的肥料先加入,以防止溶液冷却。

（3）加入固体肥料时一定要缓慢且不停地循环搅拌,防止形成大的不溶物或溶解缓慢的块状物体。

（4）将氯气加入水中,不能反向操作。

（5）避免将一种酸或酸性肥料与氯混合,不论是气态或是液态氯,比如次氯酸钠。因为这样会产生有毒性的氯气。不要将酸性物质和氯同时存放于同一空间内;不要将氨气或氨水与任何酸直接混合,它们之间将发生迅速而剧烈的反应。

（6）不要将一种浓缩肥料与另一种浓缩肥料直接混合。

（7）不要将硫酸盐化合物与含钙化合物相混合,它们之间将形成不溶物 $CaSO_4$。例如,虽然 $Ca(NO_3)_2$ 和 $(NH_4)_2SO_4$ 的溶解度都很大,但如果两者混合或倒在一起时,就会发生问题。将 $Ca(NO_3)_2$ 和 $(NH_4)_2SO_4$ 喷施入同一灌溉系统内会形成 $CaSO_4$,$CaSO_4$ 的溶解度很小,容易造成管道堵塞,形成的石膏晶体将堵塞滴管或者是过滤器。

（8）硬水（含有大量的钙、镁成分）将与磷酸盐,中性多磷酸盐或是硫酸盐类物质化合反应形成沉淀。

除以上的要求之外,在进行肥料溶解的过程中还应当注意:肥料的溶解反应以及贮肥罐的安排问题。大部分固体肥料溶解时从水中吸收热量,溶液的温度降低,从而使肥料的总溶解度减小。磷酸稀释是一个放热反应,使溶液的温度升高,所以在加入尿素或氯化钾（两者溶解是吸热反应）以前应先加入磷酸。生产中应采用两个以上的贮肥罐把混合后相互作用会产生沉淀的肥料分别贮存。例如在一个贮肥罐中贮存钙、镁和微量营养元素,在另一个贮肥罐中贮存磷酸盐和硫酸盐,确保安全而有效的灌溉施肥。

五、田间施肥

以小型压差式施肥罐和文丘里器为例:

（1）微灌施肥要求使用水溶性好的肥料,高浓度的液体肥料或完全水溶性固体肥料最合适。必须注意防止不同肥料反应产生不溶物。

（2）系统正常运行灌清水一段时间（15～20 min）后再施肥,施肥时打开管的进、出水阀,同时调节调压阀,使灌水施肥速度正常、平稳。要防止由于施肥速度过快或过慢造成的施肥不均或施肥不足的现象。每次运行时,需在施肥完成后再灌一定时间清水后停止灌溉（施肥后应保持灌溉 20～30 min）。

（3）肥料注入量视作物需肥量而定,肥料浓度（有效养分）不宜太高。

施肥量过大不仅浪费肥料，而且会造成系统堵塞。

（4）系统间隔运行一段时间，就应打开过滤器下部的排污阀放污，施肥罐底部的残渣要经常清理。

（5）灌溉施肥过程中，若发现供水中断，应尽快关闭施肥阀门，防止含肥料溶液倒流。

（6）如果水中含钙、镁盐溶液浓度过高，为防止长期灌溉生成钙质结核引起堵塞，可用33%稀盐酸中和清除堵塞。

六、注意事项

滴灌施肥需要仔细思考和计划。需要考虑的重要因素有：水的统一性（仅仅当所使用的水水质相同时）、注射方法、注射容量和使用日程。氮是滴灌施肥中使用最普遍的养分。注入氮肥的好处包括节省肥料（至少节省50%），氮可以直接输送到桃树根部，较少依赖降水，生长季节对树木氮供应效率高，还可减少淋洗损失氮。

1. 系统均一性

对有效肥料滴灌最重要的因素是系统均一性。只有用水传送，肥料才能施加得均匀。100%均匀的滴灌系统是指每个灌水器每分钟或者每小时传输同样的水量。在实际应用中几乎不可能有100%的均匀性，但是应当保证注入肥料时，至少有80%的均匀性。如果均匀性低于80%，就要解决这个问题或者不要进行灌溉施肥。用小容器（大概1杯或者200 mL）测试每个灌水器的水流。

给这些容器做标记，以秒记录充满每个容器所需要的时间。在直角坐标系上加3个最高的时间点，在垂直轴上找到这个点，标上T_{max}，例如在图表中，这3个最高的时间点的总和是200 s。下一步，加3个最低时间点，在水平轴上标志T_{min}。假设这3个时间点总和为100 s。从T_{min}画一条垂直线，从T_{max}时间点画一条水平线。灌水器均匀性就是这两条线的相交处。例如，灌水器均匀性仅仅为77%时候，不推荐灌溉施肥，这时候需要提高均匀性达80%以上方可使用此法。

通常情况下，系统设计不合适，灌水器生产变化或者灌水器堵塞都可能引起不均匀的水流。解决途径是：

（1）依赖专业人员设计和安装系统以避免问题。

（2）泵排量、系统压力和主线水流在每个系统中通常上下浮动，通过增加利用时间和加长肥料注射时期会提高均匀性。

（3）用过滤器和维持系统通常能够避免灌水器的堵塞。

2. 肥料的注入

通常注入的氮肥料是28%的氮溶液，主要是硝酸铵和尿素混合液。28%的氮溶液可直接注入系统中，硝酸铵和尿素必须被溶解后以溶液的形式注入。在实际应用中，可参考上述肥料的溶解度适量调低浓度（肥料的实际溶解度通常稍低于理论最大饱和溶解度）以利灌溉。

（1）肥料注射器类型。市场上有许多种类型的注射器，但在实际应用中有3种最为普遍。下面简要介绍一下文氏管：文氏管是在注射时通过压缩产生的压力不同将液体肥料或者溶于水后的固体肥料加入系统中，肥料可在槽中存放，在槽的入口和出口处按照气压梯度来处理灌溉水的比例。灌溉系统中的肥料浓度根据注射器不同而不同，但是只要注射时间足够长，长到能将所有肥料散布到地里，注射器种类就不影响肥料的均匀性。

（2）肥料的注入。肥料的用量和施用时期需根据桃树的年龄、品种、潜在产量、根的分布、土壤类型、种植者的经验和偏好等因素来决定。

使用注射系统，种植者可以减少50% ~ 65%的氮施用量。即如果每年需向土壤施1 kg硝酸铵时，若想维持树体相同的生长活力、产量和叶片氮水平，只需注射施入1/3 ~ 1/2 kg即可。

通过微灌将肥料直接输送到了树体的根部，所以氮更容易被根系吸收利用。同时可根据树体的反应调整施肥比例，一般通过滴灌系统注入肥料的合适比例比直接施入土壤中的肥料数量省去一半。

切记不要一次性注入一年树体所需肥料的全部量。如果每年每棵树需要0.5 kg硝酸铵，则分3次或者更多次施用。从开花时期开始，每2周注入1次，例如开花时每棵树施入0.16 kg，2 ~ 4周后再施入0.16 ~ 0.18 kg。

当了解了每棵树所需肥料的总量，再将每棵树所需量乘以灌溉区的树木总数，就决定了该区所需肥料的总量。如上例所说，开花期每棵树使用0.16 kg硝酸铵，如果灌溉区有500棵树，开花期就需要用500 kg × 0.16 kg硝酸铵，即总共需要80 kg硝酸铵。

（3）肥料注入效率。需协调预期的灌溉日程和种植地的自然降水量，以保证根附近有较高比例的肥料量。如果灌水量过大或者灌溉后有降雨，肥料有可能被淋洗出根部区域而浪费掉。所以，应避免注肥后立即灌溉或可能有降水时不要注入肥料。另外，也要避免肥料流入地下水而引起地下水的污染。

（4）肥料注入的时间。操作滴灌系统所用时间比注入时间要长。注入肥料前，先将系统打开使其平衡或达到最佳的操作水平，一般系统需要20 ~ 30 min才能达到平衡状态。在大部分密植桃园，每个灌溉区域的面积较小，当灌溉施肥完成后，系统再操作20 ~ 30 min以保证所有的肥料被清除出滴灌系统。这样就防止了系统关闭时，肥料在滴灌系统沉积，减少灌水器堵塞的可能性。

第七章　桃树其他栽培管理技术

第一节　建园准备

一、园址选择

选择土层深厚，地下水位在 2 m 以下的地块建园，土壤以中性或微酸性的砂壤土为宜（pH 为 4.5 ~ 7.5）。由于桃树对重茬反应较为敏感，树体往往表现为生长衰弱、流胶、寿命短、产量低或生长几年后突然死亡等症状，所以应避免在老桃园连茬种植桃树。桃树不耐水淹，也不耐盐碱，所以夏季积水、地下水位高、重度盐碱土等地块上不宜建园，否则易造成黄叶、早期落叶甚至死树等症状。另外，桃树是喜光树种，宜选择避风向阳的南坡地，尽量避免在风口建园。尽量选择交通方便，水源条件较好的地块建园。

二、果园规划设计

大面积建园，应因地制宜地做好果园规划工作。根据地形地势因地制宜划分小区，一般平地建园小区面积 2 ~ 3 hm²；山地或丘陵地建园时，小区面积 1 ~ 2 hm²。小区均以长方形为宜，栽植行以南北向为宜。道路规划一般设 6 ~ 8 m 的主干道，4 ~ 6 m 的支道，作业道 2 ~ 3 m。根据地形地势和供水、集水方向确定排灌系统，在风口处设立防护林。小面积建园，因地制宜确定栽植行向，道路规划仅考虑作业道即可。

三、品种的选择

栽培桃树不同于一般的农作物，一年种植多年受益。因此品种选择的正确与否，直接关系到将来能否获得高的效益。

品种选择的要求：用于鲜食的品种，要求果实个大、果形圆正、果顶凹或平、着色鲜艳、离核、果实硬度大、耐贮运、品质佳、丰产性好、抗逆性强。用于加工制罐的品种，要求果肉黄色、不溶质、黏核、果肉颜色纯正、无红色素渗入、果实大小均匀、缝合线两侧对称、果肉厚、核小、不裂核、果肉褐变慢、具有芳香味、含酸量比鲜食品种稍高。

（一）品种选择的原则

1. 根据品种区域化原则进行选择

按品种生长特性及对环境条件的要求，选择适宜的栽培区域，同样根据某些地区的自然生态条件，选择适宜的品种，做到"适地适栽"。有些品种为广适性品种，而有些适应性很窄。如我国的一些地方特产品种：'肥城桃''深州蜜桃'，只有在原产地种植才能充分表现出其优良性状，在其他地方栽培表现较差。

2. 根据成熟期选择

桃不耐贮运，不适合大面积栽植成熟期太集中的品种，以免因销售和加工不及时造成损失。生产上最好安排一系列成熟期不同的品种，不断地采收上市。目前我国有成熟期为 55～190 d 的多种品种可供选择。

3. 根据交通方便与否选择

城市近郊、工矿区及旅游点附近，基本上是当日采收销，可选用果个大、品质佳、丰产性好的溶质或硬溶质桃品种；距城市或市场较远的地区，或交通不方便的地区，应选择较耐贮运的硬溶质或不溶质桃品种。

4. 根据市场需求，选择一些具有特色的品种

商品市场是以"物以稀为贵"为准则的，在某一特定的区域内短缺品种一般具有较高的价格。因此小面积果园如能做到"您无我有，您有我优，您优我换"，往往能创造出高的经济效益。

5. 品种存在的缺点

品种存在的主要缺点也要有较多的了解，如抗寒性、有无花粉、裂果情况等。有的品种抗寒性较差，如'中华寿桃'，2001年冬天，在北京受冻率达80%以上，有的地区全军覆没。'丰白''早凤王''霞辉1号''红岗山'等品种均无花粉，在栽植中必须配置授粉品种或进行人工授粉。授粉品种要求花期与接受花粉的品种相遇，花粉量大，授粉亲和力高，并且经济价值比较高。如'大久保''雪雨露''京玉'等都是较好的授粉品种，授粉品种配置的比例可以1：2或1：1。有些品种有裂果现象，如'燕红''21世纪''中华寿桃'等，必须了解各个品种的特性，以便在栽培中采取相应措施。

第二节 定植

对于可以自花授粉的桃树品种，可以考虑不用间植授粉树，但如果进行异花授粉，则可显著提高产量。如果考虑花粉不足的问题，也可以间植授粉树。对于无法自花授粉的桃树品种，应该配置授粉树，也可以考虑人工授粉。

定植一般于3—4月土壤化冻之后桃树发芽前进行，也可以于秋季桃树落叶后至封冻前定植，但寒冷地区宜春季栽植（因怕气温过低或有强烈的害风易造成"抽干"现象）。定植前，先根据栽培方式、管理水平、树形和规划设计定好行向，确定株行距，在地面标明定植位置，其中株行距一般采用（2～3）m×（4～5）m，亩栽44～83株，根据实际情况自然开心形树一般为（3～4）m×（3.5～5）m，亩栽植33～64株，两主枝形树一般为（2～2.5）m×（4～5）m，亩栽植67～111株。然后以标明的定植位置为中心挖定植坑，坑以直径1 m左右、深

60～80 cm 为宜。挖坑时，将表土和底土分开堆放，坑挖好后，回填底土，约 40 cm 左右，按每坑施腐熟有机肥 20～25 kg、过磷酸钙 1 kg 的配比将肥料撒入坑内，深翻混匀，上部再填入熟土，填至原地面高度，整畦灌透水，待水充分渗透后，再次将定植坑填至原土高度。栽植时，按所需密度拉绳定植，在定植坑上挖小坑栽植，要求苗木嫁接口朝向主要季风向，根系在坑中自然伸展，不盘结，将苗木扶直，使其纵横成行，然后填土。随填土晃动树苗，使根系和土壤密接，边填边踏，踩实后，树体周围地面稍高于原地平面，注意苗木埋土深度以苗木上的原埋土痕迹为准，不宜过浅，也不可过深，更不能埋到嫁接口（栽植过浅，根系裸露，成活率低；栽植过深，树体萌芽晚，发芽后树体生长势弱）。栽植完毕，浇水覆地膜。具体方法：苗木栽植完毕，整畦灌水，待地表稍干后，及时中耕（划破地表，注意避让小树苗），喷除草剂（乙草胺，喷除草剂时注意避让小树苗）后，沿行向覆 0.9 m 宽的地膜，地膜伸直，露出树干，将地膜周边压实，树苗周边地膜压土防风。

若是前一年秋天定植的果园，由于冬季有的地方需培土防寒，可于开春后挖开培土，进行定干。春季栽植，定植后可立即定干（定干即幼苗定植后在距离地面一定高度处剪截），定干高度依栽植密度及所培养树形而定，一般自然开心形定干高度 40～50 cm。剪截后剪口下留 6～7 个饱满的叶芽作为整形带，以将来在整形带内培养主枝。定干后剪口用蜡或油漆封顶，防止苗木补风"抽干"。苗木栽植后建议套塑膜袋防金龟子等害虫，具体方法：套小方便袋（或长筒袋），下口压实，袋上口离开苗木一定距离，顶部打 3～5 个孔透气放风，待芽体长至 2～3 cm 时将塑膜袋摘除。

第三节 整形修剪

一、丰产树形及其结构

（一）自然开心形

本节所述自然开心形树形（图 7-1）指三主枝无侧枝自然开心形。其特点是：骨架牢固，易于培养，光照好等。

图 7-1 三主枝无侧枝自然开心形

自然开心形树形的主干高度宜矮不宜高，矮干丰产性能好于高干树。矮干缩短了根系从土壤中吸收水分和无机盐类及叶片制造的有机营养的运输路线，有利于扩冠和丰产，是桃树生产者应掌握的关键技术措施之一。

自然开心形树冠高度指3个主枝延长头在第五年完成整形后，垂直于地面的高度。一般情况下冠高为行距的60%。

自然开心形桃树，三主枝基角应为55°～60°。过小枝组易枯死，造成冠内空膛，结果部位上移；过大主枝背上易生长徒长枝，不易管理，造成结果枝组不稳定，进而影响产量。所以，三主枝的选择要均衡：第一主枝最好朝北，第二主枝朝西南，第三主枝朝东南。切忌第一主枝朝南，以免影响光照。如是山坡地，第一主枝选坡下方，二三主枝在坡上方，提高距地面高度，管理方便，光照好。

（二）两主枝开心形

两主枝开心形树形适于露地密植和保护地栽培（图7-2），容易培养，早期丰产性较强，光照条件较好。此种树形每株树只保留两大主枝向行距间延伸发展（切忌向株间延伸），3年完成树体整形，各主枝间形成篱笆状，相互依存，牢固结果。两主枝形的主干高为40～60 cm，冠高为3.5～4 m（要求同一个桃园主干和冠高相一致）。两主枝间夹角最小80°～110°。一二主枝对生，指向行间，切忌主枝指向行内。第一主枝距地面高度较三主枝自然开心形高，以便地下管理。

（三）中干形

中干形整形技术简单（图7-3），全树只有一个中心枝为骨干枝，其余全部为中（第1层三主枝）、小型结果枝组及结果枝。定植半成苗，2年生始果，3年生成形，且丰产。成形后，株与株相连形成2 m厚的树墙，行与行之间留有较宽（1 m以上）的通风道，果园整体通风透光良好，果实个大、色艳、味佳。

中干形树形成功的关键在于中央领导枝必须直立，保持绝对优势，并在冬

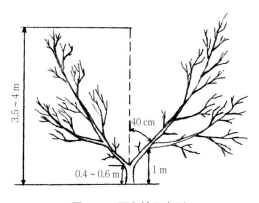

图7-2　两主枝开心形

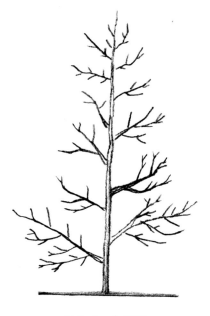

图7-3　中干形

剪时连续 2 ~ 3 年都从中心枝上剪留饱满芽，第 3 ~ 4 年稳定冠高，不再延伸。全树保留 10 ~ 14 个小主枝，呈下层大（长），上层小（短），错落着生排列在中央领导枝上。另外，主干高度不能 1 次选出，必须在第 1 层小主枝以下保留小裙枝，使其结果 1 ~ 3 年后逐年疏除（第四年全部剪除裙枝），形成预定主干高度（一般为 50 ~ 60 cm）。

中干形桃园，行内（即株距间）必须形成树墙才能丰产；行间（两行之间）留出通风道（即光道、作业道），才能优质高产。中干形桃树，必须及时控制徒长枝梢，并利用夏季修剪技术和疏花疏果措施，复壮弱的结果枝，及时更新复壮结果枝组，控制单株产量。

二、修剪方法

桃树是速生性果树，其地上部分最突出的生长习性：第一是干性弱。在自然生长情况下，中心干容易消失，枝条开张；第二是芽的早熟性强，且多副芽、多秕芽（即盲芽），萌芽率和成枝力均强；第三是枝条髓部大，前期贮水抗旱，后期贮藏养分，木质部输导组织发达，运输能力强，因此，桃树枝条生长量大，增粗快，并可连续生长。表现形式其一是主梢上可连续发出 3 ~ 4 次副梢，副梢上还可以再发副梢。其二是结果枝向强弱两极分化严重，造成桃每年都有一部分细弱枝枯死。所以，桃树的修剪应以夏季修剪为主，冬季修剪为辅。

（一）生长季修剪

生长季修剪是桃树快成形，实现早果，丰产的关键性技术措施。其可以调节树体的发育速度，充分利用桃树芽的早熟性，实现一年多次抽枝快成形，减少无效生长及改善光照条件，缓和树势，促进花芽的形成等，常用的生长季修剪方法有抹芽、疏梢、摘心、缩剪和拿枝等。

1. 抹芽

春季萌芽后，当新梢长到 5 ~ 15 cm 时，实施抹芽技术，调整新梢密度、部位和延长头的发展方向、均衡树势。具体方法：对延长头剪口芽为 3 芽梢时，抹除两边，保留中间的强旺梢，或者，抹除一个，保留一个，另一个采取扭梢或极重短截的方法进行处理；对延长头剪口芽为双芽梢时，抹弱留强；对树体其他部位的 3 芽梢抹除中间留两边；对双芽梢抹强留弱；对叉角间或主干上的萌蘖梢，一律抹除干净。当然对衰弱的老树上的萌蘖梢可培养用于更新利用。桃树管理中的抹芽技术必须每年实施，并且不宜过早或过迟。过早则分辨不出芽梢的好坏，过迟则新梢已经木质化，抹后伤口易大量流胶。结合抹芽对主枝基角较小、生长势较强时可实施拉枝措施，缓和、均衡树势。

2. 疏梢

在新梢抽出后，全生长季随时根据新梢生长密度，对新梢进行适度疏剪，主要是疏掉过密梢、背上徒长梢、延长枝先端的竞争梢。可以改善树冠内膛的受光条件，提高叶片的光合效能，促进枝条充实和花芽的分化。

3. 极重短截

重摘心对象是内膛徒长枝、竞争枝和外围的旺长枝。把握极重短截的时期是该项技术应用成败的关键。最适时期是徒长枝、竞争枝、外围旺长枝上第一层副梢生长到 25～30 cm 时进行。具体方法：对无副梢的旺长枝，留 2～4 片叶极重短截后可激发出副梢 1～3 个，然后对激发出的副梢去强留弱（桃树上不轻易疏除徒长枝、竞争枝和旺长枝，否则永久性结果枝组不易培养）；对有副梢的徒长枝、竞争枝，留第 1 层副梢 1～3 个，将其主梢剪口留一个带叶桩重摘心。果枝回缩是指对 1 年生果枝的短截，可分为以下两种情况实施。

（1）对没有坐果的徒长性果枝、长果枝和中果枝，全部剪留 3～7 节，可在回缩后复壮长出 2～4 个长果枝、中果枝（若不回缩则只能长出短果枝或花丛枝）。

（2）对果枝基部（即下部或后部）有果而中、上部（即前部）无果的徒长性果枝、长果枝、中果枝，可在果前留一个新梢（即 1 节）回缩修剪。

4. 拿枝

多在幼树上应用，一般在 6—8 月均可对长度达 40 cm 的较强新梢采用。方法是用手握住枝条的基部，在向下折的同时手向新梢上部移动，要求能听到新梢被折的响声，但不能折断。拿枝可以加大新梢的角度，控制新梢的生长，促进花芽的形成。

5. 采果后及时修剪

目前全国重点桃产区，都非常重视采果后的及时修剪。其做法是：调整徒长枝变为徒长性果枝，剪除过密、细弱枝，即起到减少无效枝叶的消耗，又调整冠内通风透光条件，增加光合作用，为翌年丰产奠定良好的物质基础。

6. 秋摘心

在每年的"立秋"节气后 15～20 d（8 月下旬），对全树所有生长势较旺的枝条（幼树延长枝头除外），留 40 cm 左右摘心。秋摘心可起到改善冠内光照条件，节省养分消耗，增加养分积累，压低花芽形成节位的作用。

生长季修剪既是一个季节性强的技术，又具有长期性。生长季修剪的某一种方法，何时进行，需要施行几次，要根据当地的气候条件和本园树体的具体情况制定，以免贻误农时，并影响桃树的生长发育。目前生产中常采用四季夏季修剪法。

第一次在萌芽到新梢生长初期，4 月中下旬至 5 月上旬。其主要任务是抹芽和除梢，以节省营养，减少无用梢对养分的消耗。抹芽主要抹除过密的双芽、主侧枝背上萌发的徒长性芽、剪锯口处萌发的丛生新梢，抹除延长梢下部的竞争芽梢。

第二次在新梢处于迅速生长期，约 5 月中旬至 6 月中旬。这个时期是控制竞争梢、徒长梢和利用副梢整形的有利时期。利用副梢整形，一般在主侧枝的延长梢长到 50 cm 时，对延长梢进行摘心，第一芽留外芽。摘心后对抽生过密的副梢进行适当疏除，在背上的强壮副梢长度达到 15 cm 时进行摘心，其余副梢在长度达到 30 ～ 40 cm 时进行拿枝软化。应及早对竞争梢进行梢处理或疏除。

对内膛的徒长梢，应在适当疏密的前提下，尽早进行摘心，促进枝组的形成。实践证明，6 月抽生的副梢可以形成良好的花芽。

第三次在新梢生长的缓慢期，一般在 7 月中旬左右，此期正处于花芽的分化期。主要任务是改善树体的受光条件，促进营养生长转向花芽分化和果实生长。这个时期大部分长果枝或早形成的副梢已停止生长和花芽的分化。对过密新梢要适当疏除，以增加树体的受光量，促进树体充实和花芽的分化。

第四次在新梢停止加长生长、花芽分化盛期，一般在 8 月中下旬。该次摘心主要作用是控制生长，促进其余枝条的充实，提高枝芽的越冬能力。对未停止生长的新梢进行摘心，抑制加长生长促进增粗生长和花芽的分化。对过密新梢再次进行疏除，以改善光照，提高桃树叶的光合效能，充实枝条。

（二）冬季修剪

应强调的是桃树的冬季修剪是在认真做好夏季修剪的基础上进行的。多年的生产实践认为：桃树冬季修剪宜早不宜迟。应从桃树落叶开始，到 12 月底以前结束为好。早剪可以提高桃树的抗寒性，避免（或减轻）桃芽受冻。

密植油桃园的修剪方式有别于稀植园，以每亩栽 222 株（3 m×1 m）为例，一般采用"丫"字形整枝，即二主枝为对称整形。该整形法的具体方法为：采用芽苗（半成苗）或成苗定植，如采用芽苗定植，在定植当年新梢长到 0.7 m 时在距地面 0.6 m 高处扭梢促发分枝，并将新梢垂直于行向方向斜拉，使之与地面成 45° 夹角。同时在 40 cm 以上，60 cm 以下的树干发出的新梢中选一生长健壮、发育良好的与斜拉枝对生的新梢作为主枝，在 50 cm 时摘心并斜拉使之与地平面成 45° 夹角。主干 40 cm 以下的芽全部抹去，其余的芽全部保留。当新梢长到 20 cm 时摘心，促发分枝。主枝以上的修剪一般在夏、秋季进行，每个主枝上留 3 ～ 4 个侧枝，侧枝上均匀分布结果枝，结果枝上一般留 7 ～ 9 个健壮花芽。夏季修剪一般在 4 月中旬抹芽，抹除枝背上、剪锯口上下及双生、病残芽，5 月中旬进行摘心，摘心时骨干枝留 50 cm，直立枝留 20 cm，其余枝留 35 cm。秋剪一般在 8 月进行，主要是疏除外围及背上的过密枝组，通风透光，促进花芽分化。

如用成苗定植，苗木栽后在 60 cm 处定干，发芽后抹去主干 40 cm 以下的芽，其余全部保留促发分枝，但要选 2 个垂直于行向伸展的健壮枝为主枝，

50 cm 摘心，其余方法与芽苗定植相同。

近年来，生产上对密植桃园逐渐推广长枝修剪法，即基本不短截，只采取疏剪、回缩和长放的方法。技术要点如下：

（1）对骨干枝的修剪幼树在副梢前留 10 cm 左右的短橛延长；成年树要看树体长势，旺树部分疏除或全部疏除延长头上的副梢而缓放，中庸树压缩至健壮的副梢处，弱树在副梢前留小橛延长。

（2）对其他枝的修剪要坚持疏旺疏粗留细弱的原则，即采取疏除或甩放的方法，修剪时要掌握枝条在骨干枝或结果枝组上的密度。一般每 15 ~ 20 cm 留 1 个斜生的细长果枝，树体上部留水平的，树体下部适量保留背上枝。如细长果枝不够则酌情保留几个粗壮硬果枝，用多留果法改变其长势。

（3）及时进行结果枝组的培养和更新，一年生果枝经坐果后，因果实和重量变化，导致弯曲下垂，从其基部便能发出 1 ~ 2 个较长的新梢。结果枝组的培养和更新主要利用这些基生枝来实现，也可通过选用由骨干枝上直接产生的一年生枝进行树体更新。

（4）实行长枝修剪的配套措施，栽培密度要适当，一般株行距 4 ~ 5 m 为宜。1 ~ 2 年生幼树坚持不留果，以便迅速扩大树冠，骨干枝二年生延长头不留果，应及时疏花疏果，提高单果重量。长枝修剪后保留花量较多，为提高果实质量，应及时疏花疏果，调整树体负载量。一般来讲每 20 cm 留 1 个果，即每

个长果枝依果形大小留 1 ~ 5 个果，树体上部和营养生长旺盛的果枝宜多留果，下部及营养生长弱的果枝应少留果。日本系列品种应在 5 月底前完成疏果任务，有条件的果园应进行人工疏花、放蜂或人工授粉、套袋，以提高果实内外品质，增加收益。衰弱树和盛果后期树因叶面积大，产量高，要特别加强肥水管理，应比短截修剪树增加肥水施用次数和数量。传统手法：短截为主；单枝更新；双枝更新；三枝更新。

第四节　花果管理

桃树最明显的结果习性表现为：花芽为纯花芽，花量大，除少数徒长枝基部不能成花外，可着生在各类枝条的各个部位；绝大部分品种自花结实能力强，异花结实能力更强。因此，坐果率高、丰产、稳产性高。为了确保高产、优质高效，桃树的花果管理历来被视为重要的栽培技术之一。

一、疏花疏果与授粉

（一）疏花疏果

桃树本身花量大，坐果率高，枝条间向强弱两极分化严重，而弱枝极易枯死，果实本身发育中需要的营养物质多。例如生产 100 kg 苹果需纯氮为 0.95 kg，单质磷为 0.43 kg，单质钾为 0.90 kg；而生产 100 kg 桃需纯氮为 1.52 kg，单质磷为 1.08 kg，单质钾为 2.14 kg。即桃需要的单氮、磷、钾元素分别是苹果的 1.6 倍、

2.5 倍、2.4 倍。因此，栽培中桃树的疏花疏果比苹果更为重要。

疏花时间从花蕾露红开始，直到盛花期（或末花）为止。疏掉小蕾、小花，留大蕾、大花；疏掉后开的花，留下先开的花；疏掉畸形花，留正常花；疏掉丛蕾、丛花，留双蕾、双花、单花。

疏果时间在幼果硬核初期，即幼果直径长到 1 cm 时进行。疏掉三果、双果留单果；疏掉小果留大果；疏掉圆形果，留长形果；疏掉病虫果，留好果；徒长性果枝留 4 ~ 5 个果；长果枝留 3 ~ 4 个果；中果枝留 2 ~ 3 个果；花丛枝留 0 ~ 1 个果；有花无叶留 1 个果；延长枝头和叉角之间的果全部疏掉不留。

桃树在第二年或第三年开始有产量，大多数桃品种的坐果量远大于能够成为果个大、品质高的果树所需的坐果量。疏果用来控制每棵树的坐果数，以便增加果实数量和果实品质，同时还要保证树体有足够的营养生长。大果果实的价格通常至少是那些小果果实的 2 倍，并且采收时更容易。

疏果是被要求增大果实大小和平衡作物负荷的一种措施。疏果越早，留下来的果实越大。早熟品种最理想的疏果时间是花期，但是在此期间也存在着霜冻的可能性，因此果农通常在坐果后立即疏果。疏果应该在花后 4 ~ 6 周内完成，并且按照成熟期的先后顺序进行。一般在结果枝上每隔 15 ~ 20 cm 留 1 个果，这样每棵成年树大约留果 600 个。

人工疏果和机械疏果是目前普遍采用的两种方法。人工疏果最精确，但是在美国的成本投入很大，能够使果农更加仔细地挑选理想的留果位置。在美国，人工疏果的成本为每公顷超过 150 美元。机械疏果方法在生产中已经使用了好几年，如果操作仔细，这种方法也是相当成功的；但若操作不仔细，机械疏果有损坏树体的可能，并且需要等到果实变得足够大时才能疏除，这就限制了机械疏果在早熟品种上的应用。有关花和果生长疏离的调节剂和其他化学物质的研究正在进行中，现在还没有找到合适的化学物质。

（二）授粉

授粉树的配置：如果栽培的品种为有花粉的品种，桃园一般不需配置授粉品种；若栽培的品种无花粉则应选择花期相同有花粉的品种作为授粉树，按 15% ~ 20% 的比例，将授粉树栽植在主栽品种的行内。桃品种内有的花粉无生活力或无花粉，如'晚黄金''岗山白''传十郎''砂子早生'等，必须严格按要求配置授粉树。有的品种有生活力的花粉较多，如'大久保''岗山 509 号'不仅结实率高，也是优良的授粉品种。开花后 2 ~ 3 d 完成授粉受精过程，短的在 60 h 可以完成受精。南方品种群坐果率较高，可达 14% ~ 29%，蟠桃品种群为 13% ~ 31%，黄桃品种群最高达 18% ~ 55%，北方品种群坐果率较低，仅 4.9% ~ 13.0%。

授粉方式主要有以下 3 种：

1. 人工授粉

主要针对主栽品种无花粉（如'仓方早生''早凤王''加纳岩''国光蜜'等），而授粉树配置不当的果园或花期气温较低，遇阴雨天气的年份，应进行人工授粉提高坐果率。

结合疏花蕾或从花期早、有花粉的品种树上采集含苞待放的花朵，将花药摘下，放在干燥处阴干，温度保持在 20 ~ 25℃，最高不超过 28℃，经过 36 ~ 48 h 花药开裂，待花药开裂花粉散出时收集花粉装在瓶内避光保存，并在花粉中混入 3 ~ 5 倍的滑石粉。将混入 3 ~ 5 倍滑石粉的花粉用铅笔的橡皮头或毛笔轻蘸，在雌蕊的柱头上轻点 1 ~ 2 次，即可完成人工授粉。最好在上午 9 时—下午 3 时之间进行。

2. 放蜜蜂授粉

在桃园中零散地种上一些油菜（花在桃花之前开放），当桃蕾初露红期每亩桃园释放 80 个蜜蜂即可自动完成授粉。蜜蜂的活动易受气候条件影响，在气温低于 15℃时几乎不活动，在 22 ~ 25℃最活跃，有风时活动不好，在风速超过 11.2 m/s 时停止活动，降雨也影响蜜蜂的活动。

3. 鸡毛掸滚授法

该方法主要针对完全花、自花结实的品种，通过授粉不仅可以提高坐果率，还可提高果实的品质。桃树开花后 1 ~ 2 d 内，在上午 10 时（无露水）到下午 3 时前，用鸡毛掸在桃树上进行多次滚动，通过滚动可完成授粉。在整个花期要滚动 1 ~ 2 次，滚动时要注意轻重，避免伤及花朵，此法简单易行，省工省事。

二、套袋

果实套袋可提高果品外观质量。套袋可把果实与外界条件隔绝，使果实避免受到不良自然环境条件的刺激，防止日晒、风吹、雨淋、药害、病虫害及枝叶磨伤果面，使果实表皮细嫩、光洁、无污染，色泽鲜艳，充分提高果实的外观质量。同时，套袋利于生产无公害果品。套袋后减少了农药使用量，而且不受大气粉尘、农药残毒和工业废气等污染，是生产绿色无公害果品的主要措施之一。因此，作为提高果品外观品质的主要方法，科技工作者对果实套袋方面进行了很多研究。

（一）套袋优点

一般套袋果大于不套袋果。从连续 7 年（品种为'大久保''白凤''八月脆'）试验结果表明，套袋可增产 9.3% ~ 14.1%，特别是晚熟品种增产效果更为明显。

套袋可提高品质。鲜食品种套袋可使果面洁净，色泽艳，绒毛少而短嫩，果肉鲜嫩细腻；油桃品种可明显减轻锈斑和裂果；制罐品种可减少果肉红色素，提高加工利用率。

套袋免除部分病虫害。套袋果不受桃疮痂病、桃穿孔病和桃小食心虫、桃蛀螟的危害。

防止裂果。裂果多发生在晚熟普通桃及多数油桃品种上，裂果后果实失去了商品性。裂果与品种特性、不良气候条件、病虫害、药物刺激及灌水等有关。

减轻自然灾害。近年来自然灾害发生频繁：如冰雹等在各地时有发生，给桃树生产带来了很大的损失，通过套袋可在一定程度上减轻这种危害。

（二）套袋时间

结合疏果，随定果随套袋，直到幼果硬核后期（即生理落果后）结束；有桃蛀螟危害的果园要在桃蛀螟产卵盛期前结束。

（三）套袋对象

主要对中熟和晚熟品种，特别是晚熟品种，一般极早熟和早熟品种不套袋。另外，大果形品种和有裂果现象的品种要套袋。

（四）果袋选择

1. 自制果袋

在经济条件有限或购袋条件不足时，可利用废旧报纸自制果袋。如每张报纸制作（9 cm×13 cm 规格的）果袋 8 个，每千克报纸 44 张，可制作果袋 352 个。

2. 购置果袋

可根据预套桃果大小，购买不同型号的袋。

（1）果个规格为 20 cm×16 cm 的普通白色薄塑料食品袋（0.002～0.005 mm 厚），购置后要在袋面上打 5 个透气孔，袋下面两角靠内剪 2 个各长 2 cm 的排水孔。

（2）购买白立 1 号白色立体单层（98 mm×195 mm）或 TM018 型白色单层（150 mm×195 mm）桃果袋（均为山东青岛佳田纸业有限公司产品）。

（五）套袋方法

由于桃的果柄较短，操作时一定要仔细。为了便于操作，可将袋口上的果柄口加长一些。套袋时，首先把袋撑开，沿果柄口把果放入袋内，然后用袋上的铁丝把袋口封紧，固定好即可。

（六）解袋时间

对于鲜食品种的桃和油桃，套自制报纸果袋或套山东青岛佳田纸业有限公司果袋，可于采果前 7～10 d 解除果袋；套白色薄塑料食品袋和制罐用桃，因不影响着色，可不解袋，待采果时连同果袋一起采摘下来。除此之外，由于品种、果实外观要求及各地习惯不同，摘袋时间也有差异。一般鲜食品种采收前摘袋，软肉品种采收前 2～3 d 摘袋。对于不要求着色的品种，可不摘袋。摘袋易在阴天或傍晚进行，避免桃果突然受阳光照射而发生日灼。

（七）套袋注意事项

影响套袋的叶片全部摘掉，不可把叶片套入袋内。套袋前全园打 1 次防治病虫害的药剂。

（八）主要配套措施

果实套袋前认真做好疏花疏果工作；果实套袋前打1次防治病虫害农药（根据各桃园具体情况确定）；果实膨大期，初着色期和采摘前15 d各喷1次400倍液的万得福或500倍液的奥普尔液肥增色、增产提高果实品质。

第五节　病虫害防治

桃树的病虫害种类虽然很多，但各地能造成较大危害的病虫害种类却是有限的。目前各桃产区较为普遍发生的虫害有蚜虫、红蜘蛛、潜叶蛾、桑白蚧、梨小食心虫、红颈天牛、绿盲蝽等；病害有炭疽病、褐腐病、细菌性穿孔病、根癌病、根霉软腐病、疮痂病、缺铁性黄叶病等。

一、农业防治技术措施

冬季或早春组织人力对桃园进行清洁。结合桃树冬季修剪，清除枝干未落下的枯叶和僵果；已经落地的枝叶、僵果也是病虫害重要的越冬场所，要集中销毁，以降低病虫害越冬及越冬后继续危害果树的可能性。

二、物理防治技术措施

（一）频振式杀虫灯应用

频振式杀虫灯是桃园内最新应用的主要物理防治措施之一，每40亩1盏，4月前全部安装完成。

1.安装高度设置

为提高频振式杀虫灯的利用率和应用效果，20盏灯做了两个安装高度设置，第一个设置为灯座底部高于树冠约1 m，第二个设置为灯座底部低于树冠约1 m，两种高度交错设置。

2.应用及管理

开灯时间为4月1日—10月30日，每3 d清理1次收集袋，将害虫残体就地掩埋。

（二）糖醋盆诱杀害虫

1.糖醋盆设置

每亩设置2盆糖醋盆。糖、醋、酒、水的比例为1∶4∶0.5∶16，糖醋盆悬挂在桃树主枝下。设置时间为3月10日—10月30日。

2.管理和维护

每3 d清理1次盆内虫体，并做好维护工作。正常情况下10 d添加1次适量的醋、酒，补充盆中水量，降雨后及时更换糖醋液。此方法可以兼治苹小卷叶蛾、桃潜叶蛾等多种桃园害虫。

（三）性信息素诱杀害虫

1.设置

性信息素诱杀害虫主要针对桃潜叶蛾、梨小食心虫、桃蛀螟进行迷向法防治。每亩设置2盆性诱盆，性诱盆悬挂在桃树主枝下方，盆上方，盆中放入适量洗衣粉，增加水的表面张力。

2.管理和维护

设置时间为3月20日—10月30日。每30 d更换1次性诱芯。3 d清理1次虫残体。

（四）赤眼蜂释放

1. 赤眼蜂释放时间

释放赤眼蜂主要目的是防治苹小卷叶蛾。根据苹小卷叶蛾生物学特性，赤眼蜂释放时间为越冬代和第 1 代成虫的高峰期，便于赤眼蜂孵化高峰与卷叶蛾产卵高峰吻合。

2. 赤眼蜂释放量

赤眼蜂卵袋用曲别针别在桃树细梢上，第 1 次每亩释放 2 万头，第 2 次每亩释放 3 万头。

（五）果园生草

果园生草为瓢虫、草蛉、食蚜蝇等天敌昆虫提供了有利场所。同时还能够起到保墒、培肥地力、增加土壤有机质含量的作用。9 月上旬，在桃树行间播种紫花苜蓿，播种量为 0.8 kg/ 亩，全园播种。

（六）果实套袋

果实套袋是防治病虫害，尤其是后期病害防治的有效措施。

（七）施药防治

根据各桃园的不同病虫害情况制订具体的病虫害防治措施，如下所示。

（1）桃树开花前（4 月上旬）向 200 亩桃园喷施 2 000 倍液云菊乳油；200 亩喷施苦参碱。

（2）6 月 20 日前后向 400 亩桃园喷施 80% 世佳 3 000 倍液加灭幼脲 1 500 倍液。

（3）果品成熟期喷施 80% 世佳 3 000 倍液。尤其是除袋以后要立即喷施。

（八）桃果品农药残留监测

在严格控制农药使用时期和使用品种的条件下，果品成熟期桃园内外采样，进行农药残留量的检测。

第八章 桃树节水技术需要的设施设备与肥料

我国是一个干旱缺水的国家，主要存在人均资源量少、分布不均衡、利用率低等问题，这些问题在农业领域表现尤为突出。节水农业是在水资源有限的条件下实现农业生产的效益最大化，是提高农业用水的利用效率，是水、土、作物资源综合开发利用的系统工程。近年来，节水灌溉技术发展迅速，出现了一批拥有自主知识产权的节水设备与肥料产品。

第一节 节水技术与设备

一、痕量灌溉

痕量灌溉（图 8-1）是滴灌在全球节水灌溉领域推广应用 50 多年来，在原有滴管系统基础上的进一步创新，效果远好于滴灌，同时可胜任多种滴灌无法完成的工作。

痕量灌溉采用全球首创的双层控水结构（图 8-2），解决了困扰多年的滴灌灌水器（出水口）堵塞的世界难题，以适合土壤扩散的速率，直接将水或营养液输送到植物根系附近，实现了真正稳定的地下灌溉和水肥一体化。

图 8-1 痕量灌溉管

（一）痕量灌溉系统构成

痕量灌溉系统的布置与滴灌类似，差异之处是痕灌管采用地埋的安装方式，且控水头朝下，管理得当不会发生物理、化学或生物堵塞。

（二）痕量灌溉技术特点

1. 抗堵塞

痕量灌溉的抗堵塞性能得到中国水利水电科学院水利研究所的验证，抗堵塞时间是滴灌的 200 倍以上，也通过了美国国际水技术中心的验证。水利部科技推广中心组织了专家召开了现场评价

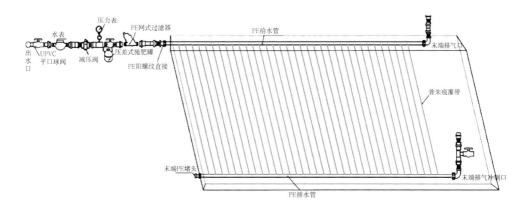

图 8-2　痕量灌溉系统构成

会，从专业角度确认了痕量灌溉抗堵性，该中心随后发布了"关于痕量灌溉技术推广应用的推荐函"，主管部门高度认可痕量灌溉技术的抗堵性能，并向各有关单位推介。

超强的抗堵性能使痕量灌溉可使用多种水源，并且可实现地下水肥一体化，即使操作失误导致发生堵塞，也可以通过简单的管道冲洗进行清理恢复流量。

过去滴灌，尤其是地下滴灌使用的肥料仅限于水溶性化肥，即使这样也经常因滴头堵塞而造成系统报废的情况，地下施肥要求则更为苛刻，应用更为稀少。而痕量灌溉适用于大部分可随水施肥的肥料，在国际上首次实现了长期稳定的地下随水施肥，减少了铵态氮肥的挥发和硝态氮肥的淋失，提高了肥料利用效率，大大减少了水肥一体化的操作难度，降低了肥料成本。随痕量灌溉进入土壤的肥料位于根系周围，其中的养分，尤其是移动性差的磷肥，更容易被根系吸收利用。痕灌管铺设长度大，灌溉均匀性高，适合大规模应用。

2. 节水、节肥、环保

痕量灌溉在保证植物水分需求的前提下，大幅减少了地表蒸发和深层渗漏。研究表明，痕量灌溉比地表滴灌节水至少 30% 以上，在宁夏水利科学研究院酿酒葡萄和北京海淀区园林绿化项目中，痕量灌溉用水量仅为漫灌用水量的 11% 和 22%，且作物长势良好。

痕量灌溉可以随水精细地施肥（图 8-3），肥料位于植物根系附近，提高了使用效率；由于埋在地下且流量低，降低了氨态氮的挥发、硝态氮的渗漏损失以及对农田和地下水的污染；痕灌管埋在地下，无需覆盖地膜，避免了白色污染；痕量灌溉可利用污水或微咸水灌溉，且在沙漠化治理、水土保持、生态改良等方面具有良好的适应性。

3. 低流量，长距离铺设，出水均匀

在压力为 0.1 MPa 时，漫灌、滴灌单个出水口的流量分别大于 1 t/h 和 1.36 L/h，而痕量灌溉小于 1 L/h，远低于滴灌和漫灌（图 8-4），更贴近植物自然的需水特性。由于单个控水头的出水

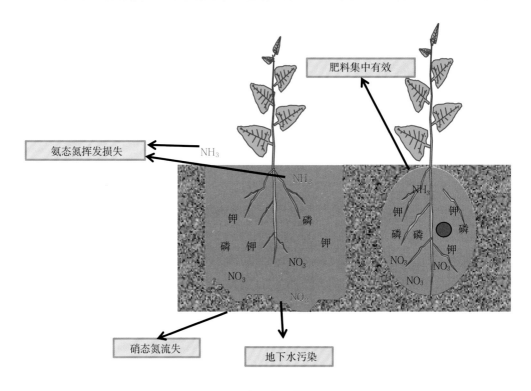

图 8-3 痕量灌溉节肥原理

量极低，扩大了单井的控制面积，同时使其单个轮灌区面积是滴灌的 2 倍以上，减少了支管和阀门的数量，降低投资，便于自动化控制和人工操作，降低了劳动强度；痕量灌溉不但铺设距离长，而且出水均匀，适合与高标准农田建设相配套。

4. 有助于生产优质安全农产品

因为痕量灌溉条件下空气湿度下降，病菌对作物的危害降低，从而减少了农药的使用，尤其是高毒农药的使用量和使用次数，其更适合于生产各种绿色和有机的农产品。痕量灌溉土壤疏松，地表干燥，杂草种子无法萌发，无须频繁地中耕除草，也减少了由于地表蒸发而造成的次生盐碱化。痕量灌溉由于能保持土壤疏松透气，且持续稳定地供给适量的水分和肥料，植物生长旺盛，产品风味好，商品率高，优质优价。

5. 适应性强、适用范围广

痕量灌溉依靠控水头独有的双层控水结构对水质的适应性更加广泛。独特的技术组成、良好的适应性使痕量灌溉具有更广泛的适用范围。除了能适应果树和保护地栽培外，还可广泛用于室内外空间绿化、生态改良、防沙治沙、矿山修复等领域。

（三）桃树上的成功案例

2009 年 4 月，公司在北京市海淀区苏家坨镇西小营村水蜜桃示范园内安装了痕量灌溉系统（图 8-5）。由于是地下

痕量灌溉　　　　　　　　　　　　　　滴灌

图 8-4　不同灌溉条件下土壤和杂草表现

2009 年　　　　　　　2012 年　　　　　　　2015 年　　　　　　　2017 年

图 8-5　痕量灌溉在桃树上的应用

灌溉，地表干燥，田间杂草明显减少。经过两年的连续栽培，2011 年已正常结果。至今已经 10 年，系统仍在正常使用。采用痕量灌溉后桃的品质得到提升，售价达到 10 元 / 个，提高了用户的收益。

2015—2016 年，以'久红'为代表的中早熟桃树，果实成熟季大多集中在 7 月，各生育阶段的大致时间见表8-1。桃树灌水有两点需要特别注意：①萌芽前浇水以深浇为宜，湿润深度达到 80 cm 土层，以避免萌芽期频繁灌水。②硬核期是桃树需水临界期，水分过多，枝叶生长过旺，影响坐果，而缺水，也造成落果，影响产量。此期浇水应频繁浅浇，适度减少灌水定额，增加灌溉频率以满足桃树的水分需求。

根据桃树自身的生育节律及大田痕量灌溉试验结果，制定出适宜的痕量灌溉制度，详见表 8-1。

研究还发现痕量灌溉对于深层（20 cm 以下）土壤水分的补给和保持非常有利，灌水量相等条件下，滴灌处理下果树发生明显水分亏缺时，痕量灌溉仍然可以保证果树正常的生理活动、维持较高的光合速率。试验中采用的痕量灌溉制度，既能有效地节约灌溉用水，又能满足该地区矮化密植桃树的生长需要。

表 8-1　中早熟桃树生长季痕量灌溉制度

生育阶段	灌水下限	灌水频率	灌水定额
萌芽期（3 月中旬至 3 月下旬）	—	6 d 1 次	
开花期（4 月上旬至 4 月中旬）	田间持水量 50% ~ 55%	6 d 1 次	
新梢生长期（4 月下旬至 5 月中旬）	田间持水量 70% ~ 75%	4 d 1 次	12 L/ 株
硬核期（5 月下旬至 6 月上旬）[①]	田间持水量 50% ~ 55%	2 d 1 次[①]	9 L/ 株[①]
果实膨大期（6 月中旬至 6 月下旬）	田间持水量 70% ~ 75%	4 d 1 次	
果实成熟期（7 月上旬至 7 月中下旬）	田间持水量 50% ~ 55%	6 d 1 次	
落叶前期（8 月上旬至 10 月下旬）	田间持水量 50% ~ 55%	6 d 1 次	

注：①硬核期桃树对水分敏感，浇水应频繁浅浇，灌水定额调整为 9 L。

二、渗灌

渗灌是一种地下节水灌溉方法，与其他灌溉方式不同，它是从地表转移到地下进行灌溉，也有人称之为地下滴灌。它是通过在地下埋设一种独特的塑料管进行灌溉的方式，其中的塑料管叫渗水管（图 8-6），根据需要，在渗水管上每隔一段长度会打一些孔，当管内充满水的时候，小孔就会逐渐像出汗一样，水从小孔中一点点渗出。

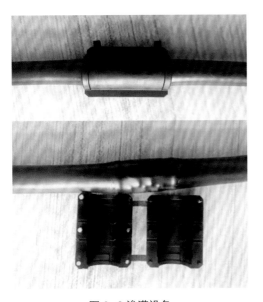

图 8-6 渗灌设备

图 8-6 的渗灌设备具有国家发明专利，不同于常规的滴灌设备，首部采用常规的施肥器与过滤系统，主要是渗灌管道与铺设办法有专门的设计，渗灌设备见图 8-7。渗灌系统安装过程见图 8-8，要求田地较平整，高低落差 3 m 之内，本渗灌管于地下 15 ~ 30 cm（具体视作物以及地区确定），埋管后覆土。渗灌使用寿命 10 年以上，滴水量误差小于 10%，不回流，不堵管，单次每亩地用水 2 ~ 3 t，省水省肥省事，肥料利用率较高，渗灌管每个滴头滴水量为 2 L/h，渗透土壤滴头以下 30 cm/h。滴头往上 10 cm，以滴头为中心半径 15 cm。（具体视土壤而定）通过使用渗灌设备，可以达到节水 60% 以上，节省肥料 40% 以上。

第二节　水溶肥产品

科学施肥提高桃产量与品质，要在桃树生产中合理施肥，不仅要掌握桃树的施肥技术，还需要有好的肥料保证科学施肥技术的落实。围绕平谷桃的生产长期研发有针对性的肥料产品，现介绍

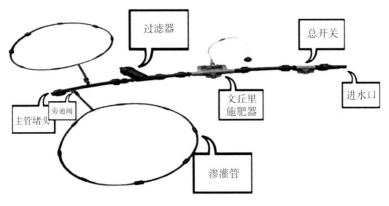

图 8-7　渗灌设备示意图

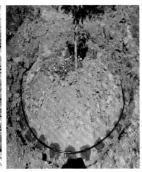

图 8-8 安装实例展示

一些在平谷桃生产中已广泛应用的产品的特点与使用方法。

一、微生物菌剂

（一）生物滴灌肥

1. 产品介绍

液体微生物菌剂产品，产品登记号为微生物肥（2007）准字（0395）。该肥采用国内先进的全封闭式多级深层发酵生产技术，运用最新生物酶解工艺，生物聚合速效氮、磷、钾三要素及腐殖酸、氨基酸等多种营养精华，并添加独有的螯合态微量元素，可被作物快速吸收利用，提高养分利用率。肥中所含有益微生物在植物根部快速繁殖，迅速压缩有害微生物的生存空间，有效杀死和抑制有害微生物和毒素，分泌抑菌素，解决连年种植同一作物产生的重茬危害。

2. 产品功效

（1）抗重茬、抑制土传病害，增强作物的抗逆性。

（2）有效改善土壤微生态环境，解磷解钾，提高土壤供肥能力。

（3）增加土壤团粒结构，增强根系活力，促进营养元素吸收利用。

（4）营养全面均衡，补充多种微量元素，提升品质，增加经济效益。

3. 登记作物

本产品可广泛用于大田、蔬菜、果树及多种经济作物，如番茄、黄瓜、玉米、大豆、苹果、小麦等。

4. 使用方法及用量

各桃树上根据桃树长势，2~4 kg/亩，全生育期均可使用，稀释 300~500 倍。具体使用量请根据当地土壤肥力情况及桃树产量酌情施用，不明之处请咨询当地农业技术人员或经销商。

（二）生物促根液

1. 产品介绍

液体微生物菌剂产品，产品登记号为微生物肥（2007）准字（0395），根据作物苗期的生长机理，运用最新生物酶解工艺而开发的一种高效植物生长调节剂。生物聚合速效氮、磷、钾、微量元素及腐殖酸等多种营养精华，内含的生物活性物质能够促进植物体内生物大分子的合成，诱导植物不定根或不定芽的形态建成。本品具有提供养分、改善土质、增强作物的抗逆性，提高地温（3~5℃）的作用，从而达到促进根系生长，培育壮苗的目的。

2. 功能特性

（1）本产品含速效养分，利用率高，提供苗期作物所必需的养分。

（2）提高地温，刺激植物生长代谢，加快植物根系的生长，增加作物苗期主根的长度、须根数量，从而起到培育壮苗的目的。

（3）所含的有益微生物能在植物根部快速繁殖，分泌抑菌素，能迅速压缩有关重茬微生物的生存空间，并杀死有害微生物，可抗重茬，抑制土传病害等特效，从而增强植物抗逆性。

3. 登记作物

本产品广泛适用于多种粮食作物、蔬菜作物、果树及其他经济作物，如番茄、玉米、大豆、黄瓜、苹果等。

4. 使用方法

冲施、灌根、穴施、沟施等。桃树发芽前、落花后，果实采收后分 3 次施入，施入量为 4 kg/（次·亩），稀释至 1 000 倍以上使用。不明之处请咨询当地农技人员或经销商。

（三）施德诺

1. 产品介绍

液体微生物菌剂产品，产品登记号为微生物肥（2007）准字（0395）号，研发的富含高浓度枯草芽孢杆菌（*Bacillus subtilis*）、无机养分（NH^{4+}、NO^{3-}、酰胺态氮、磷、钾、EDTA-Ca、硼、镁、铁、锌等）、有机养分（单糖、寡糖）、多种胞外酶、植物生长刺激素多体合一的速效生物配方冲施、滴灌肥。养分搭配合理、速效与缓效结合，利用率高；有益微生物能释放土壤中无效态磷、钾养分，分解硅酸盐矿物、促进土壤团粒结构的形成，有效改良土壤；钙、硼同补促进植物生殖健康协调生长，促开花结果，延长采摘期，改善果实品质，实现果实增质高产。本产品广泛适用于各种作物地冲施、滴灌等，可多次施用，安全、环保、无公害。

2. 功能特点

（1）施德诺合理搭配氮形态，能激活作物养分吸收转化能力，速效与缓效相结合，既能满足作物快速生长所需要的养分，又能缓慢释放，肥效期长，养分利用率高，肥料流失减少，环境污染减轻。

（2）施德诺产品中的有益微生物产生的枯草菌素、制霉菌素等物质能破坏病原菌细胞壁的合成，在土壤微生态系统内形成优势菌群，有效预防腐霉属（*Pythium*）、疫霉属（*Phytophthora*）、丝核属（*Rhizoctonia*）、立枯丝核菌（*Sheath blight*）等真菌引起的作物病害，提高作物抗病性，在温室大棚等高温高湿环境表现尤为显著。

（3）施德诺产品所含有益微生物，有效恢复土壤生态平衡，加速有机质的矿化，释放土壤中无效态的磷、钾以及中微量元素等养分，为土壤团粒结构的形成提供充足的多价金属阳离子，改良土壤结构，消除板结。

（4）施德诺产品中特别添加高浓度螯合态钙、硼等中微量元素，有利于作物吸收利用，钙硼同补，协同作用，提升钙在作物体内的移动性，又增加作物对硼元素的安全吸收，有效提高钙、硼元素吸收利用率，促进开花结果，延长采果期，提高果实商品性，果实品质好，耐贮藏。

3. 登记作物

本产品广泛适用于蔬菜、果树、大田经济作物，如番茄、玉米、大豆、黄瓜、苹果等。

4. 用法用量

施德诺适用于多种施肥方法，桃树落花后使用，随水冲施：2～5 kg/亩；设施滴灌：1～2 kg/亩。桃树开花前后使用1～2次（能补充土壤所需微生物，调理土壤最佳状态，满足作物生长需要），根据土壤状况和桃树大小不同适当调整用量。

（四）维他十三金

1. 产品介绍

粉剂微生物菌剂产品，微生物肥（2000）准字（0005）号，本产品是一款专门用于作物生育周期内追肥的全水溶性微生物配方肥。其采用纯天然植物提取物，以酶解发酵后萃取的活性物质为原料，特别添加高活性复合微生物菌剂。施入土壤后，能够快速被作物吸收，补充作物营养，促进作物生长发育；活化土壤，改善土壤团粒结构，增加土壤透气性，提高土壤保水、保肥能力；同时抑制病原微生物生长繁殖，减少重茬障碍和病虫害的发生，提高植物抗性。

2. 功能特点

（1）富含速效氮、钾、小分子态有机质、氨基酸、黄腐酸、维生素、多糖、蛋白质及多种高活性促生长因子，养分全面，作用效果快，可满足作物生长全程养分需求。

（2）内含多种生物活性物质，可提高植物光合作用，促进植物新陈代谢，加速作物对水分及养分的吸收和运输，促进作物生长及果实发育，提高作物品质和产量。

（3）内含大量高活性有益微生物菌群，能将土壤中固定的磷、钾等元素释放出来，供作物吸收利用，提高肥料利用率，减少化肥用量。

（4）内含大量有益微生物，可在植物根际土壤中大量繁殖，形成优势菌群，抑制病原微生物入侵和定植，有效预防土传病害，提高植物抗逆性。

（5）长期施用可显著改善土壤理化性状，增加土壤孔隙度，提高有机质含量，增强土壤保水、保肥能力，促进土壤生态环境健康。

（6）全水溶，且溶水后稳定性好，适合冲施、滴灌、喷施、撒施、淋施等多种施肥形式，使用方便，省工省力。

3. 登记作物

本产品广泛适用于多种大田作物、蔬菜、果树及其他经济作物，如花生、小麦等。

4. 用法用量

桃树从硬核期开始到果实采收前每15～20 d施用1次，可冲施、滴灌、喷施、撒施、淋施等。本品用量为10～20 kg/（次·亩），并根据树体大小可酌情增加用量。其与化肥配合使用效果更好，亦可根据当地土壤肥力和桃树需肥情况酌情增减施用次数和用量，不明之处咨询当地农技人员。

（五）金液肥

1. 产品介绍

液体微生物菌剂产品，登记证号为微生物肥（2007）准字（0395）号。本品是由多位专家教授经过多年的科研攻关，采用现代生物技术最新研制开发的新一代高浓缩、多功能复合生物液肥。

2. 功能特点

养分利用率高，吸收运转快，能及时满足作物需要，本产品可促使作物细胞快速分裂增殖，提高光合作用，使作物叶色浓绿，茎秆粗壮，根系发达，分蘖（分枝）多，有效花朵多，成果率高。叶面施肥防止养分在土壤中固定，提高肥料有效性，本品可产生一些生理活性物质，如赤霉素、吲哚乙酸，防止锌、铜、锰、钼等微量元素被土壤固定，促进作物生长健壮。降低或减轻病害、虫害对作物造成的减产危害，有效降低和减轻根腐病、炭疽病、软腐病、苗枯病、立枯病、枯萎病、黑穗病等多种病害。提高品质1～2级，提前6～8 d成熟。使用本品后，农作物的果实外观及品质显著提高，增加蛋白质、氨基酸、油脂含量，提高瓜果、蔬菜的维生素及糖分含量，延长坐果期及生育期10～20 d，籽粒饱满，增产10%～20%。本产品无毒、无害，绿色环保。本制剂无毒、无公害，是生产绿色有机食品的首选产品。

3. 用法用量

金液肥产品的适宜作物与主要功效见表8-2。

表 8-2　金液肥适宜作物与主要功效

分类	适宜作物	施用时期	施用方法	施用量
块根类	土豆、红薯、萝卜、芋等	苗期、块根块茎膨大初期连续喷洒 2～3 次，间隔 10 d	叶面喷施、灌根	100～200 mL/（次·亩），用水稀释 200～400 倍液
茄果类	番茄、茄子、辣椒等	幼苗期、开花初期连续喷洒 2～3 次，间隔 7～10 d	叶面喷施、苗床喷施	100～500 mL/（次·亩），用水稀释 200～400 倍液
叶菜类蔬菜	大白菜、生菜、花菜、甘蓝等	苗期、发棵后连续喷洒 2～3 次，间隔 7 d	叶面喷施、灌根	100～200 mL/（次·亩），用水稀释 200～400 倍液
大田作物	小麦、大麦、玉米、水稻	苗期、生长期、开花期喷洒 3 次	叶面喷施	50～100 mL/（次·亩），用水稀释 200～400 倍液
果树类	苹果、桃、杏、李、葡萄、红枣等	新梢生长期、开花期连续喷洒 2～3 次	叶面喷施、灌根	100～500 mL/（次·亩），用水稀释 200～400 倍液
瓜果类	西瓜、甜瓜、哈密瓜等	结果初期、果实膨大期连续喷施 3 次，间隔 10 d	叶面喷施、苗床喷施	100～500 mL/（次·亩），用水稀释 200～400 倍液
葱、姜类	葱、姜、蒜等	幼苗期、生长期、膨大期连续喷洒 3 次	叶面喷施、苗床喷施	100～500 mL/（次·亩），用水稀释 200～400 倍液
其他经济作物	棉花、油菜等	幼苗期、生长期连续喷洒 3～4 次	叶面喷施、灌根	100～500 mL/（次·亩），用水稀释 200～400 倍液

（六）多维多™ 全水溶硝基型

1. 产品介绍

微生物肥（2005）准字（0175）号，多维多™是根据作物的生长发育和需肥特性，专门研发的一款水溶性的微生物菌剂。该产品含有速效性营养元素，可快速被作物吸收利用，同时还含有兼具抗病、促生、溶磷、解钾和固氮功能的高效活性微生物，对于保护土壤、增强作物抗病性、促进作物生长、提高产品品质有显著效果。

TM 表示该商标已经向国家商标局提出申请。

2. 功能特性

（1）生物增效。多维多全水溶硝基型微生物菌剂采用生物增效技术，高活性功能型微生物，具有固氮、溶磷、解钾、抗病等多种功能，同时分泌多种活性物质，促进作物生长，提高肥料利用率。

（2）改善缺素状况。多维多全水溶硝基型中所含有的有益微生物和营养成分能够促进作物新生根的萌发和生长，预防黑根、烂根等病害，使用该产品对作物顶芽、侧芽、根尖等分生组织腐烂死亡、幼叶卷曲畸形、果实裂果；苹果苦痘病、水心病；甘蓝、白菜、莴苣等出现的干烧心；番茄、辣椒、西瓜等出现的脐腐病；柑橘太阳果；猕猴桃日灼病等有极好的预防和改善效果。

（3）提质增产。多维多全水溶硝基型作物全生育期均可使用，前期促生、增加坐果率；果期促进着色、膨果、转色迅速；收获后果实中养分含量高、硬度大、口感好，预防果实变软、烂果，增加产品耐储性，延长保质期。

（4）易溶速效。多维多全水溶硝基型水溶性颗粒制剂、矿物原料、工艺独特、使用方便、硝基速溶，营养元素可被作物直接吸收，快速见效。

3. 登记作物

本产品广泛适用于多种果树、大田、蔬菜及其他经济作物，如玉米、黄瓜、大豆、生菜、棉花、番茄、小麦、水稻等。

4. 用法用量

多维多全水溶硝基型可以用于追肥、冲施、撒施，推荐用量 10 ~ 20 kg/（次·亩）。设施施肥时，建议用量 5 ~ 10 kg/（次·亩），稀释 200 ~ 300 倍水后施用。桃树花期至硬核期均可使用，应根据不同的土壤、不同的作物施肥方案、桃树大小等情况使用，宜少量多次施用。

（七）好菌好肥

1. 产品介绍

颗粒微生物菌剂产品，微生物肥（2018）准字（5418）号。

2. 功能特性

（1）优选菌株。增肥效。选用 AMMS-007 号高活性功能菌株，增强作物抗病、抗旱、抗涝等抗逆能力，改善土壤养分供应，提高肥料利用率，促进作物生长，节肥增效。

（2）生物包膜。肥效长。采用 AMMS 生物包膜专利技术（ZL201210480560.2），每一颗肥均包裹一层生物拉丝膜，锁住养分不流失，持久释放，缓释长效。

（3）三大肥力，营养全。采用阿姆斯微生物肥料 38 创新应用技术，集生物肥力、物理肥力、化学肥力为一体，注入高活性微生物、小分子有机碳，螯合中微量元素，协同作用以满足作物生长需求，促进开花结果，改善农产品外观品质，提高可溶性氨基酸、维生素等营养含量，口感好，品质高。

3. 登记作物

本产品广泛适用于多种蔬菜及大田作物，如番茄、玉米、大豆、黄瓜、苹果、小麦等。

4. 用法用量

平衡型和高氮型可作基肥施用，高钾型可作追肥施用。一般推荐用量 40 ~ 80 kg/亩，可采用沟施、穴施、撒施等多种方式，集中施肥应减少用量，施后应覆土（因各地土壤、气候、产量水平不同，用户应结合自己的实际情况确定适宜的肥量、施肥方法和施肥时期）。

二、生物有机肥

（一）佳施宝™

1.产品介绍

粉剂生物有机肥产品，微生物肥（2015）临字（2737）号，采用生物技术最新研制开发的一款全水溶性生物有机肥。采用纯天然植物提取物经酶解发酵后萃取的活性物质为原料，特别添加高活性复合微生物菌剂。可快速补充营养，促进作物生长发育、根系发达、植株健壮；又可活化土壤，改善土壤团粒结构；同时抑制病原微生物生长繁殖，减少重茬障碍和病虫害的发生，提高植物抗逆性，提高农产品品质并提早成熟，增产增质效果突出等，是无公害绿色食品、有机食品及高效农业生产的优质肥料。

2.功能特性

（1）佳施宝™富含小分子态有机质、氨基酸、黄腐酸、维生素、多糖、蛋白质及高活性促生长因子，养分全面均衡，可促进作物生长、健壮及促使根系发达，提高作物抗寒、抗旱、抗倒伏等能力，从而达到增产、增收的目的；多种生物活性物质，可提高植物光合作用，促进植物新陈代谢，激活作物体内酶的活性，从而加速水分及营养物质在作物体内的吸收和运输，促进作物生长，果实发育，改善果实着色，提高糖度，减少畸形果，提高品质和产量。

（2）佳施宝™内含大量高活性有益微生物菌群，微生物在土壤中活动可活化土壤中被固定的磷、钾等营养元素，满足作物生育期内养分需求，提高肥料利用率，减少化肥用量；有益微生物在植物根系或根际土壤中大量繁殖，形成优势菌群，抑制病原微生物入侵和定植，可有效预防多种土传病害，提高植物抗逆性。

（3）佳施宝™全水溶，且溶水后稳定性好，长期施用可显著改善土壤微生态系统和物理结构，疏松土壤，增加土壤孔隙度，提高土壤有机质含量，增强土壤保水、保肥能力，促进土壤生态环境健康；适合冲施、滴灌、喷施、撒施、灌根、淋施等多种施肥形式，使用方便，省工省力。

3.登记作物

本产品广泛应用于叶菜、根菜、茄果、葱、姜、蒜等蔬菜，如生菜；西瓜、甜瓜、哈密瓜等瓜果；苹果、红枣、核桃、葡萄、桃、梨、香蕉、樱桃等果树，及棉花、油料、茶树、药材、烟草等经济作物和大田作物。

4.用法用量

用水稀释后均匀冲施，用量为 $10 \sim 20 kg/$（次·亩），桃树生长中后期可酌情增加用量，灌溉前将本品均匀撒施或滴灌到土壤表面，桃树生育期内使用 $3 \sim 5$ 次；稀释 10 倍后，灌于桃树根部周围，每隔 $7 \sim 10 d$ 施用 1 次。本产品与化肥配合使用效果更好，亦可根据当地土壤肥力和桃树需肥情况酌情增减用量，不明之处咨询当地农技人员。

三、复合微生物肥料

（一）肥长 6+1

1. 产品说明

液体复合微生物肥料，微生物肥（2014）准字（1400）号，是由科研人员经过多年科研攻关，精心研制的超浓缩营养平衡性复合微生物肥料。本产品将速效养分、有机质、有益菌、多种微量元素以水解植物蛋白为载体，通过酶解工艺，生物聚合作用形成稳定的络合物，使养分均衡吸收，效果更好，营养更足。

2. 产品特点

（1）易于吸收见效快。富含氮、磷、钾养分及多种水溶性有机营养精华，实现了瓜果蔬菜对养分的真正速效吸收。

（2）活化土壤解磷、钾。高活性菌能分解土壤中大量的无效磷、钾为有效养分，持续供应养分，速缓结合。

（3）增强免疫抗病害。植物蛋白促进根系活性及根毛的生长，促进其对养分的吸收，保水抗旱，增强抗逆性，防止脱肥早衰。

（4）叶色浓绿活性镁。含有多种微量元素的高镁配方，增加叶绿素的含量，叶厚色绿，促进蛋白质和糖类的形成，提高产量。

（5）改良土壤增肥效。有机质与水溶性植物蛋白等经过微生物分解后，疏松土质，增强透气性，促进土壤团粒结构形成，培肥养地。

（6）提高品质增产量。本产品可改善品质，增加 VC、果糖含量，口感好，耐储存，提早上市，增产增收，是广大农民发展绿色无公害果蔬的首选产品。

3. 登记作物

本产品广泛适用于多种蔬菜、果树、大田等经济作物，如黄瓜、番茄、葡萄、西瓜等。

4. 使用方法

桃树谢花后至果实采收前 20 d，均可使用。

（1）冲施（漫灌）。将本品兑水 30 ～ 50 倍溶解后随水灌溉冲施。

（2）叶面喷施。用量为 500 g/（次·亩），兑水 100 ～ 200 倍后摇匀，于阴天、晴天的早晨或傍晚喷施使用。

（3）灌根（淋施）。本产品兑水 300 ～ 500 倍后搅拌摇匀，沿根部开沟灌施。

（4）滴灌（淋施）。本产品溶于 100 ～ 150 倍水后，根部滴灌使用。

（二）生物钾宝

1. 产品说明

液体复合微生物肥料，微生物肥（2014）准字（1400）号，本品以高活性腐殖酸为载体，利用高科技螯合技术，将高活性解磷、解钾菌、有机质、高含量速效营养元素复合而成的高科技复合微生物肥料。生物、无机双效高动力肥，其中高活性菌能高效分解土壤中大量的无效磷、钾元素，转化为有效磷、钾，为作物持续供应磷、钾元素；另独有的速效高钾配方，针对我国南方土壤普遍缺钾的现象，以及西瓜、香蕉等作物的喜钾特性，推出的最新高科技产品。在海南、广东、广西、福建等地区大面积推广，增产效果显著，改善品质明显，得到广大用户的一致认可和好评。

2. 产品特点

（1）利用现代生物技术，将高活性解磷、解钾菌，有机质、腐殖酸和高含量的营养元素等科学配比，在固氮、解磷、解钾的同时分泌多种植物生长激素，促进植株的生长。

（2）本品独有的高钾配方，溶解性好，能被作物快速吸收利用，高活性有益菌的活性促进速效养分被作物快速利用，同时分解土壤中的无效磷、钾元素，转化为能被作物吸收利用的有效养分，持续供应磷、钾肥。

（3）添加了有机质、腐殖酸等多种长效养分。通过有益菌的代谢活动产生能被作物吸收利用的各种有效养分，长期供应，防止后期出现早衰及脱肥现象，增加作物的产量。

（4）丰富的有机质可以改良土壤物理性状，改善土壤团粒结构，从而使土质疏松；防止土壤板结，有利于保水、保肥、通气和促进根系发育，为农作物提供合适的微生态生长环境，从而提升品质，增加经济效益。

3. 登记作物

本产品独有的双效高钾配方，适合大多数喜钾作物、经济作物，如黄瓜、番茄、葡萄、西瓜等。在南北方缺钾地区的黄瓜、西瓜、香蕉、甘蔗、柑橘、白菜等瓜果、蔬菜类经济作物及大田作物表现尤为突出。

4. 使用方法

桃树膨大期用量 3 ～ 5 kg/（次·亩），每隔 10 d 连续用 2 ～ 3 次。

（1）冲施。冲施肥加水 10 ～ 15 倍充分溶解，搅匀后随水灌溉冲施即可。

（2）沟施、穴施。距根部 8 ～ 10 cm 开沟或开穴施用（具体使用量请根据当地土壤肥力情况及农作物产量酌量施用，不明之处请咨询当地农业技术人员或经销商）。

四、大量元素水溶肥

（一）沃斯地

1. 产品介绍

本品系最新研究开发的大量元素水溶肥料。登记证号为肥（2016）准字5226 号，有效成分：$N+P_2O_5+K_2O=50\%$，$Zn+B：0.2\% ～ 3.0\%$，产品配方有 20-20-20+TE（广谱平衡营养型配方肥）、10-30-20+TE（保花保果配方）、20-10-30+TE（果实膨大配方）、12-6-40+TE（膨果着色配方）。本品营养均衡、合理搭配硝态、铵态及酰胺态氮，速效磷、钾，螯合态微量元素等多种必需营养元素，各种养分间相容性好，易被作物吸收和转化，养分利用率高，能够促进作物生长，提高产量，改善品质。

2. 产品特点

（1）科学配方，营养均衡。本品富含植物生长所必需的十几种营养元素，配方科学合理，营养全面均衡，满足不同时期作物生长需要，能够有效促进作物营养生长和生殖生长的平衡，增强植物抗性，提高产量。

（2）纳米技术，养分高效。微纳米技术的应用，减少土壤对磷、钾及中微量元素的吸附固定，提高土壤中游离态营养元素的含量，增加土壤肥力，显著提高肥料的利用率。

（3）安全环保，增产提质。本产品采用安全环保的原材料，不含任何激素和其他对植物根系有害的元素，可持续使用，降低中金属污染，改善作物品质，提高 VC、粗蛋白、可溶性糖及各种氨基酸等物质的含量。

（4）全水溶性，使用方便。100%水溶、速溶、无杂质、安全环保、无残留，广泛适用于喷灌、滴灌、冲施及叶面喷施等。

3. 登记作物

本产品广泛适用于多种经济作物，如油菜、马铃薯、玉米等。

4. 用法用量

（1）滴灌、冲施。滴灌：3～5kg/亩，间隔 7～15 d；冲施：5～10 kg/ 亩，间隔 7～15 d。根据桃树大小和不同生长期可适当调整；盛果树硬核期前使用20-20-20+TE（广谱平衡营养型配方肥），幼年树和旺长树硬核期前使用10-30-20+TE（保花保果配方），桃树果实膨大期使用20-10-30+TE（果实膨大配方）或12-6-40+TE（膨果着色配方）。

（2）叶面喷施。稀释 500～1 000 倍液，于叶片正反面均匀喷雾，每隔 7～10 d 喷施 1 次。重复多次施用，可防早衰，预防作物因缺素引起的生理病害。

五、中量元素水溶肥

（一）硅能™

1. 产品介绍

硅能™采用国际首创有效硅合成技术生产的粉状水溶性中量元素肥料，登记证号为农肥（2015）准字（4148）号，执行标准为 Q/320581 CHN 001—2013，技术指标为 Si=23.0%。硅被国际学术界列为继氮、磷、钾之后的第四大营养元素，被誉为"第二次绿色革命"产品，是发展绿色生态农业的高效优质肥料。

2. 功能特性

（1）壮苗促生。硅能™能够有效增加作物对硅的利用率，防止作物根系早衰和腐烂，增强根系吸收能力；促进作物生长和早熟，减少茎叶之间的夹角，利于通风透光和密植，提高光合作用；同时还能增强作物抗寒、抗旱、抗干热风及节水能力。

（2）增产提质。硅能™能够增加果实糖分含量，利于果实着色，提高果面光洁度，改善果实品质。

（3）抗虫抗病。硅能™能够减少病虫害，特别是使根腐病、钻心虫、稻飞虱等病虫害发生率明显降低。

（4）活化土壤。硅能™能活化土壤，有效治理土壤酸化板结，有效降低高含量有效锰、亚铁离子和活性铝等对土壤的毒害，同时还能大幅降低土壤中的亚硝酸盐和重金属离子含量。

3. 登记作物

本产品广泛适用于多种蔬菜、大田、果树及其他经济作物，如水稻、小麦等。

4. 用法用量

硅能™可基施、追施、冲施、叶面喷施。

滴灌时用量为 1 kg/ 亩。叶面喷施时兑水 300 倍稀释后叶面喷施。基施、追施时，本品应与复合（混）肥混合均匀撒施；冲施、滴灌、叶面喷施时，本品应先用热水溶解后再兑水稀释；亦可根据当地土壤肥力和桃树发病情况，酌情增减用量或配合其他肥料使用，不明之处咨询当地农技人员。

（二）镉盾

1. 产品介绍

镉盾是最新研发的一款液体中量元素水溶性硅肥。执行标准为 Q/HDAMS 0003—2015，登记证号为农肥（2017）临字 12667 号，主要技术指标为 Si=120 g/L；pH：9.0 ~ 11.0；Na=20 g/L；水不溶物 =10 g/L。硅是植物体组成的重要营养元素，被国际土壤界列为继氮、磷、钾之后的第 4 大元素，使用本品不仅可以快速补充作物所需硅养分，有效阻隔农作物重金属的吸收并减少农药残留，还具有改良土壤、防病、防虫、改善产品品质等多种功能，在农业生产中是一种极佳的"品质肥料""保健肥料"和"植物调节性肥料"。

2. 功能特性

（1）有效降低农作物吸收积累重金属。作物吸收硅后在茎叶中大量积累，阻碍重金属向地上部转移，使重金属滞留在作物根部，减轻地上部分受重金属危害的程度。

（2）改良土壤、促进营养元素平衡。吸收硅肥能促进有益微生物的繁殖，改良土壤，矫正土壤酸度，促进有机肥分解，抑制土壤病菌、抗重茬。硅还能减少磷肥在土壤中的固定，提高磷肥利用率，同时强化钙、镁的吸收和利用，促进氮、磷、钾等养分的平衡吸收。

（3）提高作物抗逆性。作物吸收硅后，可在植物体内形成硅化细胞，使茎叶表层细胞壁加厚，角质层增加，形成一个坚固的保护层，抵御病害入侵。硅可增强作物体内的通气性，预防根系腐烂和早衰。此外，硅能有效调节叶片气孔开闭并抑制水分的蒸腾，对于增强作物抗旱、抗干热风、抗寒及抗低温等抗逆能力有显著效果。

（4）促进作物生长、改善农产品品质。施用硅肥可提高作物光合作用强度，促进有机物质的积累，增加作物茎秆机械强度，提高抗倒伏能力。作物花期施用硅肥，可增强瓜果类作物的花粉活力，显著提高成果率。硅肥是品质肥料，可明显改善农产品品质，有效预防裂果、缩果和畸形果，增加果实的硬度，令果形端正、着色好、口味佳，商品性好，耐贮存，延长产品保鲜期。

3. 登记作物

本产品广泛适用于多种果树、蔬菜、大田及经济作物，如水稻。

4. 用法用量

土壤施肥包括基施或冲施两种方法，用量 0.5 ~ 1.0 L/ 亩；叶面喷施，桃树谢花后至果实采摘前 20 d 均可使用，喷施 125 mL/（次·亩），兑水稀释 300 ~ 500 倍，在晴天下午 4 时后或阴天无风时，均匀喷施在叶片正反两面。

六、含腐殖酸水溶肥料

（一）黑金 1 号

1. 产品介绍

含腐殖酸水溶粉体肥料，主要技术指标为：黄腐酸 ≥ 40.0%；可溶性腐殖酸 ≥ 50.0%；氧化钾 ≥ 10.0%；pH：8 ~ 10。

2. 功能特性

（1）高品质矿源黄腐酸钾全水溶，易吸收，见效快。

（2）提升根系活力，促进根系发达，增强根系吸收营养和水分能力，促进作物生长。

（3）增强作物光合作用，促进碳水化合物和蛋白质的合成，提高产量，改善品质。

（4）提高多种酶的活性，增强作物抗旱、抗病、抗涝、抗盐碱、抗寒能力。

（5）活化土壤，破除板结，抗重茬，增殖有益菌数量，提高肥料利用率。

（6）用于种植绿色食品、有机食品。

3. 适用作物

果树类：桃树用量 2 ~ 4 kg/ 亩，谢花后至采果前均可施用，配合常规氮、磷、钾混合施用，依桃树大小调整使用量。

（二）沃维特

1. 产品介绍

含腐殖酸水溶液体肥料，登记证号为农肥（2016）准字 5471 号，执行标准为 NY1106—2010，主要技术指标为腐殖酸 =30 g/L，$N+P_2O_5+K_2O=200$ g/L。本品系最新研制开发的高浓度、超浓缩、全营养含腐殖酸水溶肥料。以腐殖酸为主体，与植物生长所需大量元素氮、磷、钾及中微量元素螯合而成的一种有机无机营养液肥。营养全面，配比合理，易被作物吸收和转化，养分利用率高，能够促进作物生长，提高光合作用和酶的活性，增强作物抗寒、抗旱、抗病和抗逆能力，改善品质，提高产量，并能活化土壤，消除土壤板结，调节土壤酸碱度，改善土壤环境。

2. 产品特点

（1）营养全面，配方合理。除含氮、磷、钾大量元素外，同时富含多种中微量元素及腐殖酸等有机养分，营养搭配合理，满足作物各个生长时期的不同需求。

（2）增强抗逆，改善品质。促进作物生长，提高光合作用和酶的活性，增强农作物抗旱、抗寒、抗病和抗逆能力。改善作物品质，增加产量，提高经济效益。

（3）调理土壤，改良环境。能缓解土壤酸碱度，提高土壤保水保肥能力，改良土壤结构，培肥地力；100% 全水溶，提高养分利用率，降低化肥用量，改善土壤环境。

（4）解毒增效，降解残留。可与各种非碱性农药混用，提高药效，并能解除药害、降解农药残留，使用后无不良反应，不污染环境，是生产绿色农产品的重要保障物资。

3. 登记作物

水稻、小麦。

4. 用法用量

叶面喷施，稀释 300 ~ 500 倍，于桃树关键生育期，每隔 7 ~ 10 d 喷施 1 次，共喷 3 ~ 5 次。根据土壤肥力及桃树具体需肥情况，适当增减用量及喷施次数。

七、含氨基酸水溶肥

（一）抗逆保

1. 产品介绍

抗逆保是我国自主研发、全新推出、以生物技术生产的"菌多糖"系列产品中的一款高效液体氨基酸叶面肥，登记证号：农肥（2016）准字 5232 号；技术指标：氨基酸≥ 100 g/L，Fe+Zn+B ≥ 20 g/L，抗逆保采用"菌多糖"为核心技术，增强作物的光合作用和新陈代谢，全面提升了传统氨基酸叶面肥的各项功能，尤其在提高作物抗逆性方面效果显著。

2. 产品特点

（1）"菌多糖"能促进叶绿素合成，提高作物光合作用。

（2）"菌多糖"能修复植物受损细胞，增强植株抗逆性。

（3）本品可与其他非碱性农药、肥料混合使用，省时省工。

3. 适用作物

广泛用于果树、叶菜、花卉、根茎作物、大棚作物。

4. 用法用量

（1）用量。喷施稀释 500 倍（一袋 30 g 或一瓶盖 30 g 兑一桶 15 kg 水），均匀喷施在桃树叶面。

（2）用法。①用于抗逆：在遇到低温寡照、旱灾、涝灾的时候，及时喷施，每隔 7 d 喷施 1 次，连续喷施 2 ~ 3 次；盐、碱地区栽种的桃树，建议在全生长期内每 15 d 喷施 1 次；②用于病虫害防治：与酸性农药混喷，隔 7 d 连续喷施 2 次；③用于增产提质：建议每隔 15 ~ 20 d 喷施 1 次，桃树全生育期喷施时可适当减少追肥的使用。

（二）沃尼克

1. 产品介绍

沃尼克登记证号为农肥（2016）准字（5232）号，执行标准为 NY 1429—2010，主要技术指标为氨基酸 =100 g/L，Fe+Zn+B=20 g/L。本品系最新研制开发的高科技、超浓缩、复合广谱型功能肥料，含有作物生长发育所必需的多种营养物质，采用高科技生产螯合技术，以超浓缩氨基酸为螯合剂，螯合中微量元素，增强营养元素活性，提高吸收率，加快光合作用，促进生长，延缓叶片衰老。氨基酸活性物质提高养分输送能力，使养分快速到达作物生长点，达到协调作物生长的作用。

2. 产品特点

（1）激发酶活性，促进光合作用。本品所含氨基酸与难溶性微量元素发生螯合反应，生成螯合物质，渗透性强，易吸收，快速激发酶的活性，提高叶绿素含量，增强光合作用。

（2）增强抗性，改善品质。提高作物抗寒、抗旱、抗倒伏、抗重茬能力，并能保花保果，对瓜果着色、增甜、防裂、保鲜有明显的促进作用，提高其商品价值。

（3）生根壮根，促长增产。含有天然生根、壮根因子，能促进根系组织生长，保护根系表皮细胞，使根系保持旺盛的吸肥能力，满足作物高产、稳产的需求。

（4）调理土壤，改良环境。有效调节土壤酸碱度，增加有机质含量，促进土壤团粒结构的生成，改善土壤理化性状，消除板结，减轻盐碱土壤对作物的危害。

3. 登记作物

水稻、小麦。

4. 用法用量

叶面喷施，稀释 300 ~ 500 倍，于作物关键生育期，每隔 7 ~ 10 d 喷施 1 次，共喷 3 ~ 5 次。根据土壤肥力及作物具体需肥情况，适当增减用量及喷施次数。

八、桃树上的成功案例

1. 北京市平谷区南独乐河微生物菌剂"好菌好肥"试验效果

为验证生产的微生物菌剂"好菌好肥"在作物增产增效、改善品质等方面的效果，探索化肥减量的技术途径特安排此次田间试验示范。试验地点为北京市平谷区南独乐河镇新立村桃园。试验时间为 2017 年 03 月 28 日—9 月 18 日。试验结果表明：大桃使用微生物菌剂"好菌好肥"可显著提高果实单果重和亩产量，其中微生物菌剂"好菌好肥"比常规用量大桃亩产量提高 15.4%，微生物菌剂"好菌好肥"用量减少 10%，大桃亩产量提高 12.3%。使用微生物菌剂"好菌好肥"可显著提高桃果实硬度、可溶性固形物含量，显著降低桃可滴定酸含量，使用微生物菌剂"好菌好肥"后果实固酸比显著提高，其中微生物菌剂"好菌好肥"减量 10% 固酸比为 29.0，微生物菌剂"好菌好肥"常规用量固酸比为 23.7，可见使用微生物菌剂"好菌好肥"可极大改善果实口感。使用微生物菌剂"好菌好肥"大桃产量高、卖价高，可以提高农民经济效益。

2. 北京市平谷区西营密植园试验

针对目前平谷大桃生产多年施用大量化肥导致土壤酸化板结、有益微生物减少、地下水亚硝酸盐超标、产品质量下降等问题，通过微生物技术进行调理，特选出微生物水溶系列肥料产品在平谷大桃上进行试验，测试其在桃树上施用的效果，以期在大桃的生产中大面积推广。

试验为果品产业协会基地和鱼子山村王学柱果园，试验时间是 2016 年 5 月—8 月。试验结果表明：桃树使用阿姆斯肥料产品套餐后土壤碱解氮、有效磷、速效钾、有机质均高于对照不施肥，同时低于常规施肥，土壤 pH 则显著低于不施肥对照且显著高于常规施肥；与对照组和常规施肥相比，阿姆斯生物肥套餐可以显著降低硬度，增加平均单果重、可溶性固形物和总糖含量，同时降低可滴定酸含量。

3. 北京市平谷区熊儿寨三年减肥增效试验

针对目前平谷区过量施肥造成土壤酸化、氮盈余等突出问题，在平谷区熊儿寨乡开展三年田间长期定位试验示范工作，以桃树肥料施用量为变量，连续三年进行取样调查，通过测定土壤和果实的相关技术指标，对比确定肥料的最佳使用量，形成田间试验报告。

结果表明：三年定位生物有机肥配施不同量的生物配方肥减小了 pH 的下降幅度；提升了土壤有机质含量；降低了土壤碱解氮含量；降低了土壤中硝酸盐和亚硝酸盐的含量；降低了桃果中氮含量和亚硝酸盐含量，有助于提升桃果中可溶性固形物含量和总糖的含量。对桃果产量的影响不明显，微生物的 *Alpha*- 多样性分析结果表明：使用生物有机肥配施不同量的生物配方肥菌种丰富度指数较高；微生物区系组成的影响显著。综合来看，经过 3 年定位试验，配施生物配方肥减量施肥有助于提升土壤地力，改善桃果品质，增加桃果收益。

第三节　堆肥茶的生产及其肥料化利用

长期农药、化肥的大量投入是中国农业生产近 20 年来持续稳定发展的重要原因，但会造成土壤微生物群落多样性及其功能的降低，破坏了土壤生态系统，导致农业生产的恶性循环。良好的土壤生态系统是实现农业可持续发展的基础，施用有机肥是改善土壤生态环境的有效途径。随着种植业及畜禽养殖业的大力发展，秸秆及畜禽粪便的大量产生使堆肥成为有机肥的重要来源之一。堆肥中富含有机质和微生物，一般作为基肥使用，具有显著的改土作用。如今，随着我国集约化与现代化农业的发展，水肥一体化技术越来越成熟，这是水和肥同步供应的一项农业技术，直接将作物所需要的肥料，溶解在灌溉水中，然后随水均匀地输送到作物的根部，这就避免了肥料的挥发、溶解慢等问题，实现了肥料的高效利用，是我国未来肥料发展的方向之一。堆肥茶是用堆制腐熟的有机肥，经过浸泡、通气发酵而制成的液体肥料。其制作与使用方便，其中的养分与微生物更容易被作物利用，兼具肥效和生防的双重作用，不仅可以改善植物营养成分还能改善果蔬口感，并具有一定防病功效的能力，与有机肥配合使用还能促进有机肥中养分利用。堆肥茶制作方法简单，液体形态便于进行2次加工。通过滴灌、微灌及渗灌的方式施用，便于追肥，能最大化提升堆肥的潜能，是未来我国废弃物资源化利用和水溶肥发展的重要方向。

一、堆肥茶的生物防治作用及作用机制

1. 堆肥茶的生物防治作用

堆肥茶作为一种肥料，在提供植物生长所必需的营养物质的同时还富含营养物质和微生物，促进有益微生物和昆虫的生长；抑制病菌、有机地减少害虫；有助于提高土壤的保水量并促进作物生长的激素的生成；通过促进有机物质转化为腐殖质，提高土壤有机质含量，改良土壤，减少土壤污染；对叶斑、卷尖、霉菌、霜霉、早期或晚期凋萎病、白粉病、害锈病等都有一定的防治效果，另外对花叶病毒、细菌凋萎病、黑腐病等也有一定作用。很多文献表明堆肥茶可以抑制真菌性土传病害。表8-3是对堆肥茶（曝气和非曝气）以及部分堆肥提取液在蔬菜无土栽培中或容器化生产中对土传病害抑制能力的总结。Liping发现向大棚种植的黄瓜和甜椒施用来自猪、马、牛粪便的非曝气堆肥茶，可以有效控制枯萎病，如甜椒的棉花枯萎菌、黄瓜尖镰孢菌。他们发现非曝气堆肥茶对镰孢菌的厚垣孢子和小孢子有溶解作用，这说明堆肥茶可以通过破坏病原菌的繁殖体来达到抑制作用。Scheuerell和Mahaffee的实验表明施用曝气和非曝气堆肥茶可以有效抑制黄瓜无土栽培中由腐霉菌引起的立枯病，而且加入海草灰和腐殖酸一起发酵的曝气堆肥茶的抑制作用更稳定。Dianez指出在体外实验中使用来自葡萄酒渣堆肥的曝气堆肥茶，可以抑制九种真菌，包括立枯丝核菌和瓜果腐霉菌。他们证明了上述抑制作用是由于该堆肥中微生物产生了嗜铁素。Siddiqui发现用稻草和油棕榈的空果串堆肥发酵制成的曝气堆肥茶，不灭菌施用可以抑制瓜笄霉的孢子萌发，这种病原菌会导致秋葵的软腐病。他们也发现向大棚种植的秋葵施用未灭菌的堆肥茶会提高秋葵的抗病性。然而这种抗病性不能长时间保持，随着时间推移抗病性降低。朱开建等发现用猪粪、茶叶渣及生活污泥堆制的堆肥发酵产生的堆肥茶可以抑制爪哇根结线虫，接种堆肥茶原液70 d后，土壤和根中的线虫数量分别下降了49.4%和66.3%。

2. 生防作用机制

文献表明在堆肥杀菌后再发酵产生的堆肥提取液没有抑病能力，说明其抑制土传病害的能力主要是由于生物作用而不是理化作用。这种作用可能来自微生物分泌的各种代谢产物，包括多糖、抗生素、蛋白质、嗜铁素等各种活性物质，也可能来自活的微生物。现在农学界普遍认为活体微生物与病原菌间存在4种抑菌机制：抗生作用，营养竞争，寄生或捕食作用以及诱导植物系统抗性。大多数研究认为微生物间的抑制作用（抗生作用/营养竞争作用）和重寄生是其中最主要的抑菌机制。

表8-3　堆肥茶及部分堆肥提取液在蔬菜无土栽培中或容器化生产中对土传病害的抑制情况

发酵方式	作物	植物病原体	效果	堆肥类型	发酵时间	营养物质添加	资料来源
NCT	番茄	番茄晚疫病菌	+	马厩稻草土	14 d	无	Ketterer 1990
NCT	IV	立枯丝核菌	+		–	无	Weltzien 1991
NCT	番茄	番茄晚疫病菌	+	没有说明	7~14 d	无	Ketterer 和 Schwager 1992
NCT	豌豆	终极腐霉	+	牛粪肥或葡萄酒渣	7~14 d	无	Trankner 1992
堆肥提取液	甜椒	尖孢镰刀菌棉花专化型	+	猪、马、牛粪	不发酵(NB)	无	Liping et al.1992
堆肥提取液		德巴利疫霉、番茄尖孢镰刀菌、甘蓝生小核菌	+ + +	果树叶子堆肥(LFC)、园林垃圾堆肥(GC)、作物堆肥(CC)	NB	无	El-Masry et al.2002
ACT	黄瓜	终极腐霉	+	园林修剪垃圾、植被(混合蚯蚓粪)、植被与牲畜粪混合堆肥	36 h	海藻和腐殖质	Scheuerell 和 Mahaffee 2004
NCT			+		7~9 d	细菌和真菌	
ACT	IV	立枯丝核菌 番茄尖孢镰孢菌 番茄尖孢镰孢菌种 番茄尖孢镰孢菌种 黄瓜尖孢镰孢菌 大丽轮枝孢 瓜果腐霉 寄生疫霉菌 真菌轮枝霉	+ + + + + + + + +	葡萄酒渣	24 h	无	Dianez et al.2006

续表

发酵方式	作物	植物病原体	效果	堆肥类型	发酵时间	营养物质添加	资料来源
堆肥提取液	IV	番茄尖镰孢菌 腐皮镰孢菌 禾谷镰孢菌 核盘菌 立枯丝核菌 丝核菌 腐霉菌 大丽轮枝菌	+ + + + + + + +	牛粪、羊粪、蔬菜废弃物，稻草	NB	无	Kerkeni et al.2007
堆肥提取液	秋葵	瓜芽霉	+	稻草和油棕榈的空果串	无	富含木霉菌	Siddiqui et al.2008
堆肥提取液	IV	齐整小核菌	+	—	NB	无	Zmora-Nahum et al.2008
堆肥提取液（NCT）	番茄	瓜果腐霉菌	+	橄榄榨油后的果渣废弃物（SOMW）、波西多尼亚海草（Po）、鸡粪（CM）	6 d	无	Jenana et al.2009
ACT	秋葵	瓜芽霉	+	稻草和油棕榈的空果串	无	无	Siddiqui et al.2009
NCT	IV	致病疫霉菌	+	鸡粪、羊粪（4种来源；SM1-SM4）、牛粪、虾粉或海藻	14 d	无	Kone et al.2010
堆肥提取液	辣椒	辣椒疫霉菌	+	六种商业堆肥混合物	30 min	无	Sang et al.2010
堆肥提取液	IV	立枯丝核菌	—	猪粪和稻草堆肥	—	无	Xu et al.2012
ACT			—				
NCT			—				

注：发酵方式：NCT 为非曝气堆肥茶；ACT 为曝气堆肥茶；IV 为体外试验。对照组：+ 为与对照组相比病害更少（$p<0.05$）；- 为与对照组相比没有显著差异性。

抗生作用指一种微生物产生特定的或和无毒的代谢产物或抗生素对其他微生物有直接的作用。举例来说，发现肠杆菌产生的几丁质水解酶能抗生一些真菌病原体，包括立枯丝核菌等。绿粘帚菌中分离出的有毒的"木霉素"对终极腐霉有抗生作用。还有研究表明园林绿化物堆肥中的细菌和真菌对其他植物病原体有拮抗作用，包括尖孢镰刀菌。

竞争作用是指当有两个或多个微生物需要同一种营养物质时就会发生。当非病原体竞争过病原体时，病害就会得到抑制。像腐霉菌等通过产生低分子量的三价铁配体（嗜铁素）来限制病原体获得铁。上述两种微生物间抑制作用对繁殖体直径 < 200 μm 的病原菌效果更好，包括疫霉菌和腐霉菌。

而对于繁殖体直径 > 200 μm 的病原菌，微生物会寄生在上面，这时就存在寄生与捕食作用。寄生现象包括四个阶段：化能自养生长、识别、寄生、产生分解酶分解宿主细胞壁。这四个阶段都会受到有机质分解程度和葡萄糖及其他可溶性盐浓度的影响，它们会影响杀菌用的分解酶的产生和作用效果。

在很多作物中，有益微生物可以通过诱导植物系统抗性（ISR）来抑制病害。举个例子，向黄瓜的一部分根系施用堆肥，可以诱导其对腐霉菌引起的根腐病产生系统抗性。大部分相关研究都使用了木霉属微生物，它们也会产生寄生和抗生作用。

以上四种机制又能分为两类：非特异性和特异性作用。很多不同微生物都具有的抑制作用为非特异性作用，通常是由于细菌和真菌导致营养竞争和改变生态位，影响植物病原体的代谢。而对某些病原体或疾病只有一种或两种微生物有作用，被称为是特异性作用。研究表明超过 90% 的堆肥是通过非特异性作用来抑制病原体。然而，在不同媒介中，这种非特异性作用引起的抑制能力不同。堆肥茶向土壤或植物提供微生物、细颗粒有机物质、有机酸、植物生长调节类物质和可溶性矿质营养元素等物质，不仅能显著改良土壤，而且能为作物提供养分，改善作物根际或植物表面微生态环境，促进养分活化与吸收利用，所以具有很好的肥料效果。土壤中存在大量的微生物，有些是有助于植物生长的，有些是对农作物有害的，例如植物病害细菌、真菌或原生生物以及食根的线虫等，一般在无氧或者通气不良条件下，有害微生物会大量生长并产生有害毒素，危害作物生长。植物表面上附着大量病菌，也会导致植物感病。将堆肥在氧充足即充分通气条件下产生的堆肥茶，可以使作物根部土壤或植株表面大多数的致病微生物以及植物毒素清除。

施用堆肥茶后尽管还有少部分的有害微生物，但施用堆肥茶后保留在土壤或作物叶面有益微生物就能够有效地控制有害微生物。这些抑制作用有 4 种方式：①经过培养的有益微生物可吞食有害微生物；②有益微生物可产生抗生素抑制有害微生物；③活化有益微生物对营养素具有竞争优势；④活化有益微生物具有对生存空间的竞争优势。所以堆肥茶有很好生防的功能。因此，堆肥茶对病虫害具有明显的生物防治作用。

二、堆肥茶的生产方式及品质影响因素

1.堆肥茶的生产方式

曝气堆肥茶是指堆肥与水的混合物在发酵过程中充分曝气后得到的产物。非曝气指发酵过程中没有曝气，或只是在最初的混合阶段进行必要的曝气。若是生产非曝气堆肥茶，应当适当地缩短曝气时间，且堆肥与水的混合物至少应静置3 d。

大部分堆肥茶生产装置都包括1个容器，可以是桶，也可以是槽或者发酵罐，里面包括一个装堆肥的袋子或篮子，以及专门的曝气装置，包括涡流喷嘴，螺旋曝气机，文丘里射流器，微气泡曝气机等。循环水系统是最常用的曝气方式，即在水槽上方安装涡流喷嘴，能向开放水槽中堆肥悬浮颗粒喷洒循环水，达到好氧的状态。另一种曝气方式即是通过曝气装置在堆肥与水的混合物中鼓气充氧。在投入生产前应先培养和筛选堆肥茶中的种菌在发酵前后可以加入营养盐，在使用产品前还可以加入添加剂和佐剂。目前人们常用的堆肥茶的生产方式有桶发酵、桶鼓泡器发酵、槽发酵、发酵罐发酵4种。

桶发酵是最简单的生产方式，通过搅拌曝气。先在桶内装入半桶水，搅拌10～20 min以去除其中的氯气，然后将堆肥加入其中直至距桶缘大约3 cm。发酵期间定期用棍子搅拌混合以引入少量的空气，Brinton建议每2～3 d搅动一下混合物，这样可以更好地释放堆肥微粒中的微生物，几周后过滤得到堆肥茶。

桶鼓泡器发酵是将曝气装置引入桶发酵技术，以提供连续流动的空气，创造足够的湍流，缩短制造周期。曝气2～3 d后，关闭充气泵半小时使堆肥沉到桶底，将堆肥茶从桶顶排出，留下的不溶固体可返回堆肥重复利用。

槽发酵是堆肥放在大水槽上面的网托盘上，通过循环水系统向堆肥喷水，水透过堆肥流入水槽中。水槽的大小以20～2 000 L不等，生产周期持续几周。同时通过鼓气泵在液体中鼓气，增加液体的混合并保持好氧条件。

2.堆肥茶的品质影响因素

（1）原料。选用的非腐败的好氧堆肥，其中含有多种多样的细菌、真菌、原生动物、线虫，甚至还可能含有微小节肢动物。以细菌为主的堆肥比较好，一般以绿色材料为主来制作。常用约25%的高氮原料，45%的绿色材料和30%的木质材料。高氮原料包括粪便和豆科植物，如苜蓿、豌豆、大豆和豆荚等废弃植物部分，春季的草地铡下的第1次和第2次的杂草。绿色原料包括其他季节的杂草、绿色植物的叶、蔬菜碎片以及厨房废弃物等。木质原料包括刨花、锯屑、废纸、破布、碎旧报纸

等。不同来源的堆肥制成的堆肥茶性质各异。另外如果用自来水，为了减少水中的氯对微生物灭活的问题，水必须先进行曝气除去残余的氯。要检测 pH 和硬度，pH 过高或过低都会有问题。

（2）发酵时间。研究发现曝气和非曝气堆肥茶的抑病能力通常随着发酵时间达到最大然后下降。研究发现要获得最大的活性细菌量，最佳的发酵时间通常在 4 d 左右。而最大活性真菌量在发酵 2 d 左右达到。对于不同的堆肥来源和不同的发酵方式，最佳的发酵时间不同，可以通过测试确定菌数最多的最佳发酵时间。但是可以肯定的是，生产出的堆肥茶应立即使用才能保证微生物的最大活性。

但在堆肥茶生产过程中进行曝气有没有好处还存在很大的争议。大多数文献表明低成本、低耗能的非曝气堆肥茶能抑制植物病原体活动和病害发生，但是它们被发现对植物有毒，而且是人类病原体再生长的良好环境。然而，曝气堆肥茶发酵时间更短，微生物种类和数量更多，对植物的毒性更小甚至没有毒性，而且更不利于人类病原体的繁殖。与非曝气堆肥茶会导致人类病原体繁殖这一观点相反，Ingram 和 Millner 报道称人类病原体，例如大肠杆菌 O157：H7，沙门氏菌和粪大肠菌的大量再繁殖与堆肥茶的发酵方式无关，而很大程度上与发酵初始添加营养盐有关。事实上，他们发现若是向曝气堆肥茶发酵过程中添加营养盐，得到的产品

中的上述人类病原体含量会比非曝气堆肥茶更高。Scheuerell 和 Mahaffee 的研究称很少有证据能证实非曝气堆肥茶对植物有毒性。

（3）储存温度。研究表明低温是较适宜的储存温度。室温的储存环境对真菌群落影响较大，对细菌及放线菌影响不大。

（4）肥水比。肥水比会显著影响堆肥茶中的养分含量及放线菌的含量，含量随着水的增多而降低，研究表明堆肥与水比例为 1：2.5 效果最佳。

（5）营养素的添加。在初始阶段，添加营养元素能保证总体微生物群落或是特定的有益微生物种群的生长。糖分是必要的，这能供细菌生长。若是需要真菌，还需要加入海藻、岩粉、鱼肉水解物或是腐殖酸。研究发现加入海藻和胡敏酸混合发酵可获得最有效的抑制病害作用的曝气堆肥茶。一个较好的营养配比为 0.75% 糖浆 +0.063% 鱼肉水解物 +0.25% 海藻。营养的添加可能会提高堆肥茶的抑病能力，但是也可能会引起人类病原体的再繁殖。但是最近的研究表明，在堆肥发酵中不添加营养物质，不能证明病原体不会再生长。

三、堆肥茶在水肥一体化中的应用前景

随着我国集约化与现代化农业的发展，水肥一体化技术不断推广。水溶性肥料是指经水溶解或稀释、叶面施肥、无土栽培、浸种蘸根、滴喷灌等用途的液体或固体肥料，传统的营养型水溶肥

是由大量、中量和微量营养元素中的一种或一种以上配制，具有养分含量高、杂质少、水溶性强、防止沉淀的优点。其主要作用是提供养分，改善作物的生长情况。但随着市场对绿色健康农产品的需求不断提升，水溶性肥料不断向高效化、复合化、省力化、功能化与低成本方向发展，功能性水溶肥将在未来市场肥料占据主要地位。功能性水溶性肥料是无机营养元素（两种或两种以上）和生物活性物质或其他有益物质混配而成，既能提供养分，又能改善土壤质量，促进植物生长，提高植物抗逆性。目前在我国功能性水溶性肥料产业研究发展中存在诸多问题。一方面，我国目前市场上的功能性水溶性肥料种类单一，多是含腐殖酸、氨基酸和海藻酸类的产品，而对于其他改土、抗病类的功能性物质研究开发甚少，或是没有与肥料的开发结合在一起，导致其不能得到很好的推广应用。另一方面，我国功能性水溶性肥料产品的复配尚停留在各种物质的简单掺混或溶解混合上，对于助剂筛选、混配技术与生产工艺的集成等方面的研究相对滞后。像功能性微生物对于溶液有酸碱性及盐分的特殊要求，使接种菌剂更是难以做到。

堆肥茶是由堆制腐熟的堆肥在水中经发酵而获得的浸提液，含有大量有益微生物和养分，易被作物利用，且能够抑制土传病害的产生，可以作为一种良好的功能性水溶肥。同时作为液体，复配性很强，可以将营养物质添加到堆肥茶中，从而提高其养分作用；还可以结合目标作物不同的生产问题，添加生物刺激素或生物活性物质，通过与堆肥茶中活性物质及活性微生物的协同作用促进植物生长；也能与农药、杀菌剂和杀虫剂等配合施用；还可以通过筛选确定堆肥茶中的活性微生物，再外源接种功能微生物，增强微生物的作用。但在复配时，应结合堆肥茶及外加的各种物质的理化特性进行产品复配，尤其是确定其中微生物的生物活性不被抑制，最好最终的配方能促进其中功能微生物的活性，并先进行试验保证复合品的功效后才能投入实际生产。堆肥茶的另一大优点即是方便追肥，堆肥可以作为基肥施用，但追肥不变。堆肥茶在具有与堆肥类似好处的情况下，追肥方便快捷，便于根据作物的实际生长情况实时调控，提高产量和质量。

堆肥茶可以直接施用进土壤，通过管道用来滴灌或者作为无土栽培基质，土壤施用需要有足够的量使堆肥茶作用于整个根区，使其中的微生物成为土壤生态和根围生态的一部分，这对于根系病害效果更好。Ingham 建议土壤施用 10 L/亩。但为了避免喷嘴或灌溉系统堵塞，只能使用溶液状态的堆肥茶，且通常需要过滤，这就可能会过滤掉一些功能大颗粒物质和微生物，降低堆肥茶的功效。

对于叶面病害，现在更多的是将堆肥茶作为叶面肥喷湿。已有研究表明，稀释比例、施用频率对堆肥茶施用后的效果有影响。稀释会影响堆肥茶中的养分效果，但微生物不受影响，尤其是放线菌，因此堆肥茶的抑病能力在稀释后不会下降。一般春季施用1次之后，其他季节就无须再用了。但如果植物上没有一定数量的有益昆虫，就需要从植物开始发叶的时候至少1个月喷1次或2周喷1次。施用肥力足的堆肥茶，树木和灌木从发芽期开始每隔10～14 d喷1次效果最佳。喷施的关键在于要使叶面两面完全被堆肥茶覆盖，可以加入一些喷雾佐剂：加入表面活性剂可以减小水的张力，有利于堆肥茶液滴在叶表面散布并穿过蜡质；加入黏着剂有利于堆肥茶在叶面上附着，也减少其因雨淋而流失；加入紫外抑制剂能延长微生物在紫外照射下的生存时间。ElaineIngham认为，至少70%的叶面被60%～70%的活性细菌和2%～5%的活性真菌覆盖时，植物病原体在叶面的增殖才会受到抑制。

随着工信部化肥行业专项发展的指导意见的推进，多产业链发展，肥企洗牌兼并重组、调整结构、节能减排、降低成本是未来产业发展的重点方向。许多研究已证明堆肥茶对抑制土传病害、提高作物产量和改善土壤环境方面具有重要作用，但目前我国研究者们还未对堆肥茶给予足够的关注与兴趣，对堆肥茶中活性微生物与活性物质的研究较少，更没有作为肥料投入生产。施用堆肥茶的目的之一是为了减少化肥的施用，更是通过废弃物资源化利用减少环境污染物的产生，促进土壤环境健康。

随着我国功能性水溶性肥料产业的蓬勃发展，堆肥茶具有的独特的优势将会使它更好地应用于功能性水溶肥产业，这也是废弃物资源化利用的一大新出路。但现在面临的挑战及发展路线是：从微生物群落改善与微生物及作物的抗性基因调控入手，筛选出功能性物质，进行机理研究。并将其与液体肥产品研制相结合，根据活性物质、堆肥茶的特性及水溶肥的标准进行复配研究，不断完善液体肥生产工艺，通过界面聚合反应的微胶囊化技术、化学稳定技术、表面活性剂化学以及药剂学等技术，将复配品加工成溶液型或是高浓度悬浮剂型，最终实现水肥与生物防治的结合。

四、堆肥茶使用方法及注意事项

堆肥茶可以广泛用于大田作物、蔬菜、花卉和果木，对农作物类型没有具体要求。施用堆肥茶需要根据植物的健康状况来确定施用堆肥茶的次数和数量。一般春季施用1次之后，其他季节都无须再用了。另外，有益昆虫的存在数量是农作物健康生长的标志。喷洒堆肥茶后，有益昆虫能够帮助将堆肥茶中的有益微生物散布到整个菜园或果园，甚至能够在几个季节防止害虫的危害。如果农田中有益昆虫数量不够，可以至少1个月喷洒堆肥茶1次，或对菜园1个月施2次。对植物在其长出第1片真叶时，喷洒堆肥茶的效果较好。

施用方法可以选择叶面喷洒或灌

根。叶面喷施可以选择傍晚进行，喷 50 L/hm²，雾化喷湿植物表面，堆肥茶中加入表面活性剂、黏着剂有利于提高喷施效果，喷后如果下雨要补喷1遍；灌根可通过人工或者滴灌设备滴到作物根部，灌 150 L/hm²，如果采用滴灌设备灌根，可以先灌少量水润洗管道，再向水中加过滤纯净的堆肥茶，灌完后再用水清洗滴灌管道。如果人工灌根，对堆肥茶的过滤不做严格要求，堆肥茶中的杂质能为作物提供更多养分与活性物质。

堆肥茶施用的注意事项：

（1）有效期短。制作好的成品尽可能在 1 h 内将它进行叶面喷施。否则没有足够的氧气和糖等养分使有益细菌处于活跃状态，导致其进入休眠失去活力，三四个小时后肥效会大大降低，导致原料的浪费，增加费用。

（2）制作过程中，如用自来水一定要除氯，否则氯气能杀死水中的微生物，影响堆肥茶的生产。

（3）如果有异味散发则意味着效果不好，应该加强通气和搅拌。通气良好、炮制好的堆肥或堆肥茶有一股甜香和泥土气味。不要施气味不好的堆肥茶，它含有厌氧生物产生的低浓度乙醇，足以损伤植物根系。

附　录

附表 1-1　桃树叶片诊断不同营养元素的矫正推荐技术

养分	水平	指标	解释	桃和油桃的矫正推荐技术
氮	缺乏	< 2.00	氮很低	正常状态下增加 50% 的使用量，冬天修剪时增加 20% 的使用量。为了避免使用过量，花期施用一半，花后 30 ~ 45 d 施用一半。如果氮含量低于 1.99%，表明有其他的问题，需要仔细检查果树，来年重新测试。枝条的生长状况可以帮助决定氮的投入。结果树每年枝条生长应该为 46 ~ 61 cm
	低	2.00 ~ 2.50	氮低	增加 25% 的氮用量，除非枝条旺长或者冬天进行了重修剪。为了避免使用过量，花期施用一半，花后 30 ~ 45 d 施用一半。枝条的生长状况可以帮助决定氮的投入。结果树每年枝条生长应该为 46 ~ 61 cm
	正常	2.50 ~ 3.41	氮正常	如果末端的生长和果实着色正常，继续施用去年的施肥量。如果枝条末端旺长，果实着色不充分，或者进行了重修剪，第 2 年应该施用较少的氮肥。为了避免使用过量，花期施用一半，花后 30 ~ 45 d 施用一半。枝条的生长状况可以帮助决定氮的投入。结果树每年枝条生长应该为 46 ~ 61 cm
	高	> 3.41	氮过量	减少氮肥用量（当年枝条生长量不足，果实较小，或者进行了重修剪除外）。枝条生长量足够，果实大小正常的成年果园，第 2 年不应该施用氮肥，来年秋季继续测定果园叶片氮含量。枝条的生长状况可以帮助决定氮的投入。结果树每年枝条生长应该为 46 ~ 61 cm
磷	缺乏	< 0.10	磷低	及时播撒 168 kg/hm² 磷。来年重新测试磷。这么低的量表明有可能存在严重的问题。在马里兰，当土壤测试 FIV-P 为 150 或者更大时，磷指数测试必须在施用磷肥之前进行
	低	0.10 ~ 0.15	磷低	及时播撒 140 kg/hm² 磷。但是，大于五年树龄的桃树对表面施用的磷肥反应不容易看出来（混合磷肥除外）。在马里兰，当土壤测试 FIV-P 为 150 或者更大时，磷指数测试必须在施用磷肥之前进行
	正常	0.1 ~ 0.31	磷正常	不需要进一步补充磷肥
	高	> 0.31	磷过量	停止施用磷肥。过量的磷能增加铜和锌的缺失

续表

养分	水平	指标	解释	桃和油桃的矫正推荐技术
钾	缺乏	< 1.70	钾很低	及时撒施 140 kg/hm² 钾
	低	1.70 ~ 2.10	钾低	在干燥的夏季或者坐果量较多的年份，钾水平应该比正常低 0.4%。及时撒施 120 kg/hm² 钾
	正常	2.10 ~ 3.01	钾正常	不需要进一步补充钾肥
	高	> 3.01	钾过量	停止施用钾肥。过量的钾，可以妨碍钙、镁的吸收
钙	缺乏	< 0.01	钙很低	测试土壤 pH 是否过低，需要的时候施用大量的石灰钙，钾或者镁含量过高能够影响钙的吸收
	低	0.01 ~ 1.90	钙低	测试土壤 pH 是否过低，需要的时候施用大量的石灰钙，钾或者镁含量过高能够影响钙的吸收
	正常	1.90 ~ 3.51	钙正常	
	高	> 3.51	钙过量	
镁	缺乏	< 0.03	镁很低	测试土壤 pH 是否过低，按推荐用量施用镁如果土壤测试不能推荐出镁的用量，秋季叶面喷施 17 kg/hm² 硫酸镁（11% 镁）
	低	0.03 ~ 0.30	镁低	测试土壤 pH 是否过低，按推荐用量施用镁如果土壤测试不能推荐出镁的用量，秋季叶面喷施 17 kg/hm² 硫酸镁（11% 镁）
	正常	0.30 ~ 0.46	镁正常	进行土壤测试，如果需要，多使用些石灰
	高	> 0.46	镁过量	过量的镁被植物吸收的时候，能与钙和磷竞争。因此避免使用白云石石灰
硫	缺乏	< 0.10	硫很低	
	低	0.10 ~ 0.20	硫低	
	正常	0.20 ~ 0.41	硫正常	
	高	> 0.41	硫过量	硫过量可能是平时喷施硫黄的残留导致
锰	缺乏	< 1	锰很低	在休眠季节或者摘果后的具有活力的绿叶上叶面喷施 0.56 ~ 1.34 kg/hm² 的锰
	低	1 ~ 19	锰低	在休眠季节或者摘果后的具有活力的绿叶上叶面喷施 0.56 ~ 1.34 kg/hm² 的锰
	正常	19 ~ 151	锰正常	
	高	> 151	锰过量	该症状很可能是由土壤 pH 低引起的。进行土壤测试，同时施用石灰。如果磷和钾含量低，同时镁高于正常水平，通常说明土壤 pH 低；如果磷和钾不低于正常量，也可能是由于药物残留导致锰浓度较高

续表

养分	水平	指标	解释	桃和油桃的矫正推荐技术
铁	缺乏	< 40	铁很低	在马里兰土壤和天气状态下，从铁的使用中获得经济价值的可能性不大
	低	40 ~ 50	铁低	在马里兰土壤和天气状态下，从铁的使用中获得经济价值的可能性不大
	正常	50 ~ 201	铁正常	
	高	201 ~ 251	铁过量	可能是由于药物残留导致铁浓度较高
铜	缺乏	< 4	铜很低	在休眠季节或者摘果后的具有活力的绿叶上叶面喷施 1.01 ~ 1.46 kg 的铜
	低	4 ~ 6	铜低	在休眠季节或者摘果后的具有活力的绿叶上叶面喷施 1.01 ~ 1.46 kg 的铜
	正常	6 ~ 26	铜正常	
	高	26 ~ 201	铜过量	可能是由于药物残留导致铜浓度较高
硼	缺乏	< 11	硼很低	花期和落花后，分别喷施 1.84 kg/hm^2 硼（3.36 kg/hm^2 硼砂，20.5% 硼）；或采收后叶面喷施 1.68 kg/hm^2 硼。与土施硼肥相比，叶面喷施引发的毒性较小。每年每公顷用量不能超过 1.79 kg/hm^2。第 2 年对土壤进行重新测试
	低	11 ~ 25	硼低	在花期和收获后分别喷施 1.84 kg/hm^2 的硼肥（3.36 kg/hm^2 硼砂，20.5% 硼）。与土施硼肥相比，叶面喷施引发的毒性较小。每年每公顷用量不能超过 1.79 kg/hm^2。第 2 年对土壤进行重新测试
	正常	25 ~ 51	硼正常	
	高	> 51	硼过量	不施硼肥。同时注意硼中毒，例如叶片上的坏斑，卷叶，花芽减少，产生畸形果
锌	缺乏	< 6	锌很低	在采果后叶片仍旧有活性的时期或者在开花前的休眠期，叶面喷施 3.58 kg/hm^2 的锌，或者在任何时候土施 7.17 ~ 14.34 kg/hm^2 的锌。土施锌肥的效果不好，尤其是在磷水平较高的土壤中
	低	6 ~ 20	锌低	在采果后叶片仍旧有活性的时期或者在开花前的休眠期，叶面喷施 3.58 kg/hm^2 的锌。或者在任何时候土施 7.17 ~ 14.34 kg/hm^2 的锌。土施锌肥的效果不好，尤其是在磷水平较高的土壤中
	正常	20 ~ 200	锌正常	
	高	> 200	锌过量	可能是药物残留导致锌浓度较高

参考文献

［1］贾小红.桃园施肥灌溉新技术 [M].北京：化学工业出版社,2007.

［2］李付国.供氮水平对"八月脆"桃产量、品质和叶片养分含量的影响 [J].植物营养与肥料学报,2006,12(6)：918-921.

［3］傅耕夫.桃树整行修剪 [M].北京：中国农业出版社,1995.

［4］何水涛.桃优质丰产栽培技术彩色图说 [M].北京：中国农业出版社,2002.

［5］马之胜.桃优良品种及无公害栽培技术 [M].北京：中国农业出版社,2003.

［6］张玉星.果树栽培学各论 [M].北京：中国工业出版社,2003.

［7］孟月华.平谷桃园养分投入特点及其推荐施肥系统的建立 [M].中国农业大学.硕士论文,2006.

［8］郗荣庭.果树栽培学总论 [M].河北：中国农业出版社,2000.

［9］束怀瑞.果树栽培生理学 [M].北京：农业出版社,1993.

［10］杨洪强.绿色无公害果品生产 [M].北京：中国农业出版社,2003.

［11］曾佩三.桃树栽培技术 [M].北京：北京科学技术出版社,1987.

［12］周慧文.桃树丰产栽培 [M].北京：金盾出版社,1992.

［13］刘更另.中国有机肥 [M].北京：中国农业科技出版社,1991.

［14］Arora R L, Tripathi S and Singh R.Effect of nitrogen on leaf mineral nutrient status, growth and fruiting in peach[J]. Indian J. Hort. 56(4): 286-294,1999.

［15］Fallahi E, Colt W M and Baird C R.Influence of nitrogen and bagging on fruit quality and mineral concentrations of 'BC-2 Fuji'apple [J]. Hort Techonology. 11(3): 462-466,2001.

［16］Hassen A N.Effects of nutrition and severity of pruning on peaches [J]. Acta Hort. 274: 187-193,1990.

［17］Jia H J, Hirano K and Okamoto G.Effects of fertilizer levels on tree growth and fruit quality of 'Hakuho' peaches [J]. J. Japan. Soc. Hort. Sci, 68(3):487-493,1999.

［18］Richard M.Tree management for improving peach fruit quality[D]. Presented at the Mid Atlantic fruit and vegetable convention in January,2002.

［19］Peng F T.The control of nitrogen on apple fruit development, yield and quality[D]. Tai'an Shandong: Doctor thesis in Shandong agricultural university,2001.

［20］Hartz T K, Hochmuth G J.Fertility management of drip-irrigated vegetables[J]. Hort Technology, 6(3): 168-172.1996.